基于可追溯系统的
畜产品质量安全评价体系研究

拉 环 著

中国农业科学技术出版社

图书在版编目（CIP）数据

基于可追溯系统的畜产品质量安全评价体系研究 / 拉环著 . — 北京：中国农业科学技术出版社，2020.9

ISBN 978-7-5116-4990-4

Ⅰ . ①基… Ⅱ . ①拉… Ⅲ . ①畜产品—质量管理—安全评价—研究—中国 Ⅳ . ① TS251.7

中国版本图书馆 CIP 数据核字 (2020) 第 167129 号

责任编辑 闫庆健　马维玲
责任校对 李向荣
出 版 者 中国农业科学技术出版社
北京市中关村南大街 12 号　邮编：100081
电　　话（010）82106632（编辑室）（010）82109704（发行部）
传　　真（010）82106625
网　　址 http: //www.castp.cn
经 销 者 各地新华书店
印 刷 者 北京建宏印刷有限公司
开　　本 787 mm×1092 mm　1/16
印　　张 10.25
字　　数 160 千字
版　　次 2020 年 9 月第 1 版　　2020 年 9 月第 1 次印刷
定　　价 48.00 元

前　言

畜牧业是关系到国计民生的重要产业，畜产品是人们十分重要的营养源。随着国民经济的快速发展和人们生活消费水平的不断提高，消费者对畜产品的安全和质量要求也越来越高。然而，受多种因素的影响，近年来畜产品的质量问题日益突出，畜牧业的可持续发展也受到了影响，因此，利用现代生物安全观和信息技术，展开对畜产品质量安全问题的全面研究迫在眉睫，对提升传统畜牧业发展质量，特别是对护驾特殊地区特色畜牧业至关重要。

青海省作为我国五大牧区之一，幅员辽阔，草地资源丰富，具有畜牧业发展的良好基础，畜牧业也是当地牧民主要的经济来源和生活保障，其可持续发展有利于藏族聚居区经济的发展、生态环境的保护和牧民生活质量的提高，因而注重畜产品的安全具有十分重要的现实意义。

食品安全可追溯体系是保障食品安全管理的重要手段。可追溯体系的建立将实现对养殖、屠宰、运输及销售等各环节的跟踪与溯源，有利于及时发现各环节中存在的隐患，将食品安全危害降到最低，有利于为消费者提供一个获取有效、可靠食品信息的途径，有利于有关部门对畜产品安全的监督和管理，进而保障畜产品的质量安全及畜牧业的健康、可持续发展。因此，完善的畜产品可追溯及安全评价系统作为畜产品质量安全管理的有效手段，越来越受到各方关注。

本书首先介绍了畜产品质量安全的相关概念，然后分析了畜产品质量安全的管理体系及生产技术，接下来介绍了畜产品质量安全可追溯系统构建方法，最后阐述了畜产品安全可追溯系统评价体系构建。

在本书撰写的过程中，许多同事提供了大量的资料，在此一并表示衷心的感谢。由于时间紧，工作量大，书中难免会存在错误及不足之处，恳请读者批评指正。

著　者

2020 年 7 月

目　　录

第一章　畜产品质量安全概念

第一节　畜产品质量安全的概念与分级

一、畜产品安全的定义

畜产品安全由食品安全一词衍生而来，世界卫生组织在1996年发布的《加强国家级食品安全性计划指南》中对食品安全曾下过专门定义，即对食品按其原定用途进行制作和/或食用时不会使消费者健康受到损害的一种担保。食品安全分为绝对安全和相对安全两个不同的概念。绝对安全是指食品中无任何有害物质，食用后不会发生危及健康的问题，即食品绝对没有风险；相对安全是指一种食品或食物成分在合理食用及正常食用情况下不会对健康产生损害。实际上绝对安全（零风险）是很难达到的，食品中总会有一些有害于人体健康的成分，其中有些有害成分是食物本身固有的，如豆类植物中的皂素和植物血凝素。随着食品分析技术的进步，在环境和食品中发现许多被判定有毒的化学物质以极微量的形式存在。现代畜牧业生产对农业投入品的使用将不可避免。有人曾估计，全球若完全采用有机农业的方式（生产过程中完全不用人工合成的肥料、农药、生长调节剂和畜禽饲料添加剂、兽药，不采用基因工程技术及其产物的农业生产方式），所收获的农产品仅能养活1 000万人口。鉴于以上原因，目前人们普遍接受的是相对安全概念。

食品中有害物质对消费者的危害包括急性危害、慢性危害及遗传危害。食品安全研究者发现食品中存在的有害物质能否对人体造成损害，取决于该物质的种类和剂量。食品毒理学中有一个基本准则：剂量决定毒性。当消费者食入的有害物质剂量小于允许摄入量时，发生健康危害的可能性就很小。在一定条件下能够引起某种健康损害的可能性称为危险度。虽然食品中有害物质难以绝对杜绝，但完全可以通过预防控制措施及质量保证管理方式将危险度降到极低的水平。

食品安全实质上是从食品毒理学、食品科技的现实出发，认为食品安全并不是零风险，而是通过一系列的质量安全控制措施，把危险降低到安全水平或为消费者和社会所愿意接受的程度。畜产品安全体现为防范在生产、加工、运输和销售过程中的各种有害因素对消费者健康的影响及对畜牧业本身的危害，保证畜产品质量安全与畜产品安全两者的含义十分接近。食品科学与工程委员会对食品质量做出如下定义，即指食品的优良状况和拥有营养价值的特性及能满足使用目的的程度。所谓畜产品质量安全就是特指畜产品在安全方面满足消费者期望的程度。

食品安全常常与食品卫生相联系。世界卫生组织在《食品安全在卫生和发展中的作用》中将其定义为“为了确保食品从生长、生产、加工直至最终消费所有阶段都处在安全、健全状态而采取的各种必要措施”。所以说食品卫生是保证食品安全的管理方法和技术手段。

二、畜产品与食源性危害和疾病

食品在人类生活中不可或缺，一个人一生摄入食品多达数十吨。畜产品中若污染了危害因子，则成了转移危害因子进入人体的媒介。危害因子通过污染食品继而转移到人体中产生的危害称为食源性危害。造成食源性危害的因子主要有3类：生物性危害因子（病原菌及其毒素、病毒和寄生虫等）、化学性危害因子（重金属、环境污染物、农药和兽药残留，违规或过度使用的食品添加剂、霉菌毒素等）、物理性危害因子（放射性物质、异物等）。食源性危害的形式和表现多种多样，有急性感染、慢性中毒、致癌、致突变等。有的危害因子引起的病例虽然不多，但病死率高，社会影响大，如疯牛病引起人克雅病；而某些化学污染物（农药和兽药残留的污染等）造成广泛的食品污染，对人类健康具有长期和严重的潜在危害。

食源性疾病是由摄食进入人体的各种致病因子引起的，通常具有感染性质或中毒性质。根据现代食品卫生学对食源性疾病的认识、食物中所含致病因子的种类及其引起的疾病性质，一般可将食源性疾病分为以下8类。

（1）细菌性食物中毒，是指摄入含有细菌或细菌毒素的食品而引起的食物中毒，如沙门菌病。

（2）食源性病毒感染，是指摄入被病毒污染的食品所致的感染，如甲型肝炎、戊型肝炎等。

（3）食源性寄生虫感染，是指摄入被寄生虫或虫卵污染的食品所致的感染，如旋毛虫病、绦虫病等。

（4）真菌及其毒素食物中毒，是指摄入真菌及其毒素污染的食物而引起的食物中毒，如毒蕈中毒。

（5）化学性食物中毒，是指摄入化学物质污染的食物引起的食物中毒，如亚硝酸盐中毒。

（6）植物性食物中毒，是指摄入含有植物性毒素的食物而引起的食物中毒，如四季豆中的皂素中毒。

（7）动物性食物中毒，是指摄入含有动物性毒素的食物而引起的食物中毒，如河豚中毒、甲状腺中毒等。

（8）放射病，是指摄入沾染放射性核素的食物而引起的内源性放射性疾病。

食源性疾病通常以暴发或散发的形式显现出来。食源性疾病暴发事件少则引起数人、数十人发病，多时可达数百人，甚至更多。散发则以单个病例的分布形式存在。食源性疾病的流行病学特征是：①患者有食用同一污染食物史；②流行波及范围与污染食物供应范围相一致；③停

止污染食物供应后，流行即告终止。

因畜产品引起食源性疾病暴发的因素通常与影响病原物质在食物中的污染、增殖或残存的各种因素有关。在食源性疾病暴发时，可能有一种或数种影响因素使得食品中原先污染或存在的病原体数量达到人体感染剂量或最小中毒剂量，从而引起食用者出现感染或中毒的临床症状与体征。如果食用者人数较多或范围较广，就可能引起食源性疾病的暴发或流行。

第二节　畜产品质量安全的重要性

在我国国民经济中，畜产品加工业占据很重要的地位，但是全球接连不断发生的恶性畜产品安全事故却引发了人们对畜产品质量安全的高度关注，也促使各国政府重新审视这一已上升到国家公共安全高度的问题，各国纷纷加大了对本国畜产品质量安全的监管力度。目前，我国的畜产品质量安全监管较发达国家而言，起步较缓、问题较多、缺乏完整的保障体系。保障畜产品质量安全，对于加快畜牧业发展、实现农业现代化、增加农民收入、加快“三农”问题的解决、扩大畜产品出口、推动畜产品加工业质量、效益和速度的协调发展、确保城乡居民的身体健康和生命安全等均具有重要意义。

一、畜产品质量安全是加快畜牧业发展的基础

我国农业发展进入新阶段，既给农村经济和社会发展带来了难得的机遇，也面临严峻的挑战。社会进步至今，家畜役用的时代基本上已经结束，畜牧业发展的最终目的就是提供消费者满意的畜产品。换而言之，畜产品市场需求是畜牧业发展的不竭源泉，畜产品消费才是畜牧业发展的根本动力。没有畜产品质量的安全，就没有消费者的购买；没有消费者的需求，就没有畜牧业的发展。重大动物疫情在威胁畜产品质量安全的同时，给畜牧业产业发展往往也带来严重打击。

二、畜产品质量安全是新农村建设的理性选择

社会和谐是中国特色社会主义的本质属性，是国家富强、民族振兴、人民幸福的重要保证。构建和谐社会和全面建设小康社会，需要坚持以人为本，以全面、协调、可持续的科学发展观为指导，需要安定团结、

健康有序的社会环境。国内外的正反事例，均证明了畜产品质量安全是经济发展、社会进步的必要前提和物质基础。如果食物质量安全频繁出现问题或者出现重大食物安全事件，极易在社会上引发恐慌情绪，产生社会不安定因素，甚至危害社会稳定，导致社会动荡和威胁国家安全。因此，食物质量安全问题不仅仅是经济问题，而且是严峻的政治问题。

畜牧业以及畜牧业内各产业，如养鸡业、养牛业、养猪业等，一旦受到重创，短时间内往往难以恢复，这既有经济规律作用也有自然规律作用，畜牧业是自然再生产和经济再生产的统一。建设现代农业和社会主义新农村，构建和谐社会，离不开畜牧业持续、健康、稳定的发展。

第三节　畜产品质量安全的现状

一、我国畜产品质量安全的现状

随着人民生活水平的不断提高，我国城乡居民的人均口粮消费量逐年减少，而食用畜产品消费量却逐年增多，在居民每日消费的食物总量中所占百分比逐步上升。在肉、蛋、奶等主要畜产品的消费需求不断增长的同时，畜产品的质量安全问题时有发生。

2001 年中国开始实施无公害食品行动计划，经过十几年的努力，畜产品质量安全管理水平有了明显提高，在国家发展畜产品产业的整体框架下，初步建立了畜产品质量安全管理体系，主要表现在以下几个方面。

（一）建立了法律、法规

通过立法，保障畜产品的质量安全，如我国政府先后从动物防疫、种畜禽管理、农药管理、兽药管理、饲料和饲料添加剂管理等方面制定并颁布了一系列法律、法规，这些法律、法规为畜产品的质量安全奠定了管理的保障基础，实现了畜产品质量保障有法可依。

（二）逐步规范畜产品的质量安全认证体系

虽然我国畜产品质量认证还刚刚起步，但对提高畜产品的质量和安全性至关重要。在国家认证认可监督管理委员会和各级农业部门的共同努力下，畜产品质量安全认证从无到有，从少到多，逐步规范了对畜产品终端产品质量安全状况的评价活动，从农业操作规范、生产规范、危害分析与关键点控制等方面建立认证体系，逐步推广无公害畜产品、绿色畜产品、有机食品的认证。

（三）畜产品技术标准体系逐渐形成

2013年农业部发布了《农业部办公厅关于印发茄果类蔬菜等55类无公害农产品检测目录的通知》（农办质〔2013〕17号），明确规定了无公害畜产品检测目录与标准，对生猪及猪肉，牛、羊、驴、马、鹿及其肉，活禽、禽肉及副产品，鲜禽蛋等6大类畜产品的抗生素和兽药的药物残留量制定了严格的检测标准，保障了畜产品的品质与安全性。

（四）各级各部门加大了执法监管力度

近年来，国家对畜产品的安全性高度重视，在全国各省（区、市）建立了省级畜产品质量安全检测中心，并在大多数县级城市建立了畜产品质量安全快速检测站，对畜产品的质量安全展开检测，保护消费者的合法权益。

二、我国畜产品质量安全存在的问题

（一）畜禽养殖环境安全问题

我国的畜禽养殖企业很多，但规模大的饲养基地数量不足全国的1/10，生产集约化程度不高，小规模散养在我国的畜牧业养殖中占有一定的比重。很多养殖户没有经过系统科学的培训，随意选择饲养场地，不考虑地势、排水、空气流动、周边有无污染源等问题；有些养殖户在饲养环境的维护上更是不加注意，畜禽的排泄物、病死畜禽的尸体随意堆放，任其日晒雨淋，造成周围环境的严重污染，为疫病传播带来了潜在风险；有些养殖场对喂养的饲料未做到防潮、防霉、防鼠等措施，未对霉变的饲料及时销毁，有些养殖户甚至用霉变的饲料喂养即将出栏的畜禽，造成一些有害细菌在畜禽体内繁殖，产生大量毒素，最终危害消费者；有的养殖者为了减少投资，在有限的舍棚内饲养过量的畜禽，并且分群不合理，减少了畜禽之间的生存或活动空间，致使环境中的微生物、有害气体和刺激性尘埃的浓度过高，导致畜禽发生呼吸道疾病或传染病。这些环境因素都可能导致畜禽在养殖过程中出现质量安全问题。

（二）兽药使用安全问题

兽药在畜牧业中的应用非常广泛，其在降低发病率与死亡率、促进动物生长、提高饲料转化率和改善畜产品品质方面的作用十分明显，已成为现代畜牧业不可或缺的物质。但是如果兽药使用不科学就会给畜产品质量安全留下隐患，有的养殖户使用药物时随便改变用药剂量、给药途径及用药部位，甚至有的使用未经批准的药物或者有意使用违禁药物，还有些养殖户直接给畜禽添加大剂量的兽药以增加产量，出栏动物出栏前仍继续给药，不执行休药期，导致药物残留严重超标，畜产品质量不合格，这些有毒物质在畜禽体内的蓄积残留严重危害消费者的健康和生命安全。

（三）饲料使用安全问题

饲料是畜禽的食品，饲料安全与畜产品安全密切相关，进而关系到人类的健康。饲料原料中如果存在天然的有毒有害物质如生物碱、棉酚、单宁等或者是饲料在生产过程中受到重金属污染，都会给畜禽带来毒性，畜禽长期食用这些有毒有害或被污染的饲料，不仅会诱发各种疾病，而且严重影响畜禽肉品质量。此外有些生产企业或养殖户在饲料中违规添加一些防腐剂、激素、抗氧化剂等饲料添加剂，这些添加剂若长期使用或使用不当，常常造成残留，使畜产品质量出现问题，从而使人发生食物中毒或导致人体机能损害。

（四）畜产品加工、流通、销售环节上的安全问题

畜产品质量问题不仅在畜禽饲养过程中表现突出，在加工过程中由于卫生条件不达标、屠宰环境差，也会使畜产品造成污染。有些企业为了牟取暴利，还会利用一些病畜禽的尸体违规添加碱、芒硝、香精、防腐剂等添加剂，把变质腐烂的畜禽产品加工成食品再销售，给消费者健康造成极大的损害。许多畜产品在储运过程中由于温度、环境、储运时间等原因导致变质，也会使这些畜产品存在安全隐患。另外在销售过程中，由于一些地方政府的监管不力，随意更改食品的保质期、新鲜食品与过期食品混放的现象也经常存在，这些环节都会使畜产品出现严重的安全问题。

第四节　畜牧业经济发展分析

农业是人类社会最基本的物质生产部门。在人类一切生活资料中，食物居于首要地位。《汉书·食货志》云："士农工商，四民有业。学以居位曰士，辟土殖谷曰农，作巧成器曰工，通财鬻货曰商"，界定了"农"的概念。农业是人们利用太阳能、依靠生物的生长发育来获取产品的社会物质生产部门。农业生产的劳动对象是生物体，农业生产的目的是获取动植物产品。农业一般包括植物栽培和动物饲养。植物栽培是指人们通过绿色植物利用太阳的光、热和自然界的水、气以及土壤中的各种矿物质养分，加工合成为植物产品。动物饲养是指人们通过以植物产品为基本饲料，利用动物的消化合成功能，转化为动物产品。狭义的农业，仅仅是指种植业；广义的农业，包括种植业、林业、畜牧业、渔业、副业。

一、我国农业的基础地位

改革开放以来，我国国民经济和社会发展取得了举世瞩目的伟大成就，在基本解决温饱问题之后，我国正在向小康社会迈进。农业和农村经济取得了长足进步，农业的基础地位进一步得到加强，农业的功能作用进一步得到拓展。

随着国民经济的快速发展，我国已经进入工业化中期阶段。与之相适应的是，我国农业增加值占国内生产总值的比重不断下降。按照罗斯托经济起飞理论，随着经济发展，第一产业增加值占 GDP 的比重不断下降，第二产业、第三产业增加值占 GDP 的比重持续上升，从而实现三次产业结构的升级和优化。如美国 1999 年农业总产值占国内生产总值的比重为 2.31%。罗斯托，发展经济学先驱之一，美国经济史学家，1960 年在其《经济成长的阶段》一书中提出了"经济发展阶段理论"即经济起飞理论。该理论根据科学技术、工业发展水平、产业结构和主导部门的演变特征，认为一个国家或地区甚至全世界的社会经济发展必须依次经过6个阶段:传统社会阶段、起飞准备阶段、起飞阶段、向成熟推进阶段、高额群众消费阶段和追求生活质量阶段。

虽然随着经济发展和社会进步，第一产业在国内生产总值中所占的比重越来越小，但是，农业的作用和功能不但没有减弱，反而需要进一步强化和促进。从根本上讲，农业的基础性地位并没有发生改变；第二、第三产业的发展，更多地依靠第一产业提供有力的支持。农业的功能是多方面的，20世纪80年代以来，特别是乌拉圭回合以后，人们对农业作用的认识更注重其多功能性。农业多功能性或称其为农业功能拓展是指农业除了具有提供食物和纤维等农产品的基本功能（商品产出功能）以外，同时还具有其他社会、经济和生态环境等方面的非商品产出功能，这些功能是无法通过市场交易和产品价格来体现的。

农业的主要功能是生产功能或称之为农产品供给功能，即提供衣食住行所需要的农产品。马克思、恩格斯在《费尔巴哈》中指出："我们首先应当确定一切人类生存的第一个前提也就是一切历史的第一个前提，这个前提就是人们为了能够'创造历史'，必须能够生活。但是为了生活，首先就需要衣、食、住以及其他东西。因此第一个历史活动就是生产满足这些需要的资料，即生产物质生活本身。"我国古代对农业生产功能的理解更是深刻。如:"乃民生营营，各自谋其朝夕;即殊途纷纷，究同归于衣食。与其逐末于难必,何若返本于正途。……耕以供食,桑以供衣,树以取材木,畜以蕃生息。不出乡井而俯仰自足，不事机智而用度悉备。"农业的生产功能，提醒着人类必须时刻关注粮食问题，是谓"手中有粮，心中不慌"。

除此之外，农业还具有经济功能、社会功能、文化功能、生态功能等。农业的经济功能，是指农业具有市场贡献功能，即为工业产品以及第三产业提供了消费市场；还具有要素贡献功能，即为第二、第三产业发展提供必需的资本、劳动力和土地等生产要素；还具有外汇贡献功能，如中华人民共和国成立初期，我国主要靠农产品出口获取外汇来支持工

业化建设。

农业的社会功能，主要是指农业不仅为农村居民提供谋生手段和就业机会，而且为他们提供生活和社交场所，并且能够起到经济缓冲作用等功能，有助于形成和维持农村生活模式以及农村社区活力，具有减少农村人口盲目向城市流动、保持社会稳定形成社会资本的功能。尤其是对贫困人口集中于农村而又缺乏必要的社会福利保障体系的许多发展中国家，农业还具有消除贫困和替代社会福利保障的功能。在这些发展中国家，农业发展是农民的重要生活保障，而农民拥有土地可以在一定程度上替代社会保障。

农业的文化功能，主要是指农业具有休闲、审美、教育作用，可以提供消遣场所、继承文化和历史、保存文化多样性遗产、形成农业景观、促进社会公平、提高农村居民学习能力。农业对于形成和保持特定的传统文化、维护文化的多样性具有重要作用；人类文明的发展，总体上是从农耕文明，发展到工业文明，再到现代文明。

农业的生态功能，主要是指农业生产依赖于自然环境，同时也影响、改造或作用着自然环境。农业本身就是自然资源、生态环境的组成部分，可以保持国土空间上的平衡发展，维持特殊的生态系统。拓展农业新功能，对于促进人口、资源、环境的协调与和谐，实现农业可持续发展，具有重要的战略意义。

二、我国畜牧业的发展历程

许世卫在《中国食物发展与区域比较研究》中，按照食物生产的方式和能力，将我国食物发展历史划分为3个时期，即原始食物发展时期、传统食物发展时期、现代食物发展时期。原始食物发展时期：时间跨度为1万年之前至新石器时代，食物生产由原始农业方式进行，人类从事劳动的活动主要为采集野果、狩猎，人们在生产活动中逐步学会种植作物和驯养动物。种植的五谷有稻、黍、稷、麦、豆，驯养的六畜有猪、鸡、马、牛、羊、犬。传统食物发展时期：时间跨度为夏商周时期（公元前 21 世纪）至 19 世纪，人类获取食物的能力比原始时期有很大提高，生产工具已由石器时代过渡到金属时代。现代食物发展时期：时间跨度为 20 世纪起至今，是以现代工业化和现代社会经济为基础和动力，是以现代食物生产体系、现代食品工业体系和现代食物营养体系为主要构架特征的食物发展阶段。

中华人民共和国成立以来，我国食物发展总体趋势为贫困→温饱→基本实现小康生活。根据居民收入、食物生产与食物消费结构的变化，可将中华人民共和国成立以来的食物发展分为以下 3 个阶段：起步波动发展阶段、全面稳定发展阶段和向小康生活过渡阶段。这 3 个阶段中，尽管有时起伏波动，甚至停滞，但从总的趋势来看，则是逐步向前发展的。

在论述食物阶段更替的根本动因时，许世卫认为主要有 4 个方面：人类生存动因、社会发展动因、经济增长动因和科技进步动因。

畜牧业是现代农业产业体系的重要组成部分，我国畜牧业在农业中占据举足轻重的地位。改革开放以来，畜牧业在经历了传统役用阶段以后，通过数量发展阶段的过渡与转型，进入了充满挑战与机遇的质量发展新阶段。

我国畜牧业发展的两个时期 3 个阶段，分别呈现出不同的特点。

第一个时期为畜牧业役用时期（即传统役用阶段）。1949 年以后，经济社会迅速发展。畜牧业在这一时期的主要任务是恢复生产、发展生产。其主要特点有：大牲畜是劳动工具的重要标志，最主要的用途就是役用；除大牲畜役用以外，畜牧业分散饲养，大多作为家庭副业的一部分；畜牧业增长主要依靠传统投入来实现发展，畜产品供应全面短缺。

第二个时期为畜牧业产品时期。这个时期畜牧业的特点是提供一定数量、质量的畜产品，以满足消费者的需求，而大牲畜不再是作为主要的劳动工具，在经历了数量发展阶段的转型过程以后，我国畜牧业发展由传统走向了现代，其主要任务是在确保畜产品数量安全的前提下，着力实现畜产品的质量安全、可持续安全以及营养安全。其中的数量发展阶段主要特点有：饲养方式仍然以分散饲养为主，但规模饲养有了一定

的发展；畜牧业增长主要依靠传统投入与资本、技术投入相结合，注重畜牧业产业结构调整；各种畜禽存栏、出栏数量急剧膨胀，肉、蛋、奶产量快速增加，逐步实现了畜产品总供给和总需求的基本平衡，我国畜牧业发展进入了新阶段。其中的质量发展阶段主要特点有：饲养方式实现了较大转变，分散饲养所占比重不断下降，规模养殖所占比重持续上升；畜牧业的发展思路是，在保持数量持续、稳定、健康发展的同时，更加关注畜产品质量的发展，标准化、集约化、与国际接轨成为这一阶段畜牧业发展的主线；畜产品的需求与供给呈现多元化态势，市场不断细分，消费者更加关注畜产品的质量安全；畜牧业增长主要依靠资金集约、信息集约、技术集约和市场集约等方式。

和发达国家相比，我国无论是畜牧产值比重、畜禽养殖水平，还是产品加工水平、人均消费水平等，都存在着巨大的差距。巨大的差距，是我们努力的方向，更是不竭动力的源泉。

三、现代畜牧业含义

从历史发展角度看，畜牧业一直引领着农业的发展，代表着农业前进的方向，处在农业现代化的最前沿。参照发达国家的发展道路，我国畜牧业产值的比重将继续上升，畜牧业发展潜力巨大，发展空间十分广阔，发展前景非常乐观。畜牧业反映着农业生产力的发展水平，是一个国家或地区经济发展或社会进步的标志，可以说，没有现代畜牧业就不可能有现代农业，没有现代农业也不可能有一个国家的现代化。

现代畜牧业是指以发展和创新为基本理念，以现代的思想、观点和方法、手段改造传统畜牧业，促使我国畜牧业生产力水平达到或接近发达国家同一时代的水平，建立既符合我国国情又与国际接轨的畜牧业生产关系，确保畜产品的数量、可持续和质量安全，提升畜牧产业经济效益和市场竞争力。简而言之，畜牧产业经济的各个环节、各个方面（生产、流通、加工和销售及其相关的理念、装备、技术、管理、信息等）全面实现现代化。

畜牧业具有显著的“联系效应”，畜牧业在国民经济各部门中，产业关联度相对较高，并且具有明显的“溢出”效应。畜牧业是带动农业发展的中轴产业,“联系效应”可分为“前向联系”和“后向联系”两个方面。“后向联系”可以带动种植业的发展，在当前的条件下，畜牧业加快了种植业由“粮食作物—经济作物”二元种植结构向“粮食作物—经济作物—饲料作物”三元种植结构的转变。“前向联系”可以带动食品工业、皮革工业、毛纺工业、饲料工业、兽药生产等相关产业的发展，食品制造业是公认的最有发展前景的产业，饲料工业在发达国家被列为十大支柱产业之一。仅就食品工业来讲，已经成为发达国家的主导产业，占国民经济总产值的 20% 以上，如美国、日本等国家都是这个比例，而食品工业原料的 80% 来自畜牧业。

畜牧业是扩大就业和农民增收的重要渠道。目前，据不完全统计，从事畜牧业生产的劳动力达 1 亿多人。农民人均来自畜牧业的收入超过 600 元，约占农民家庭经营现金收入的 30%。一些畜牧业发达地区，畜牧业现金收入已占到农民现金收入的 50% 左右（张宝文，2006）。随着城乡居民生活水平的提高,畜产品需求越来越大,畜牧业将会向纵深发展,为进一步吸纳农村剩余劳动力和增加农民收入奠定了基础。2006 年 7 月 1 日起施行的《中华人民共和国畜牧法》第三条明确规定：“国家支持畜牧业发展，发挥畜牧业在发展农业、农村经济和增加农民收入中的作用。县级以上人民政府应当采取措施，加强畜牧业基础设施建设，鼓励和扶持发展规模化养殖，推进畜牧产业化经营，提高畜牧业综合生产能力，发展优质、高效、生态、安全的畜牧业。国家帮助和扶持少数民族地区、贫困地区畜牧业的发展，保护和合理利用草原，改善畜牧业生产条件。”

第二章　畜产品质量安全管理体系

第一节　畜产品质量安全的场址要求

一、畜禽养殖场的选址、监测与评价

（一）选址

畜禽养殖场的建设需要解决两个关键问题：一是周边环境质量对畜禽场卫生防疫的影响；二是畜禽养殖场排污对外部环境的污染。除了采用兽医或废弃物工程处理技术等硬性技术措施外，场址的科学选择同样非常重要。通过科学选址，根据各区域的功能定位，充分利用区域资源的优势，真正实现养殖业与环境的协调发展。良好的场区环境条件可以为畜禽的健康生长、卫生防疫提供天然的保护屏障。

同时，规模化、现代化的畜牧生产必须综合考虑占地规模、场区内外环境、市场与交通运输条件、区域基础设施、生产与饲养管理水平等因素。如果场址选择不当，可导致整个养殖场生产能力得不到充分发挥，还可能对周围大气、水体、土壤等环境造成严重污染。

因此，场址选择是养殖场建设可行性研究的主要内容，也是规划建设必须面对的首要问题。无论是新建养殖场，还是在现有设施的基础上进行改建或扩建，在选址时必须综合考虑自然环境、社会经济、畜群的

生理和行为需求、卫生防疫条件、生产工艺、饲养技术、生产流通、组织管理和场区发展等各种因素，科学和因地制宜地处理好相互之间的关系。

选址应从自然环境和社会环境两个方面进行综合考虑，既要符合区域发展规划要求，不污染周边环境，同时又能满足畜禽生产所需的卫生防疫要求，使产地环境能够充分保障畜产品质量安全。

1. 符合区域发展规划要求，与区域功能定位相适应

《中华人民共和国畜牧法》第四十条明确规定，禁止在下列区域内建设畜禽养殖场、养殖小区：①生活饮用水的水源保护区，风景名胜区，以及自然保护区的核心区和缓冲区。②城镇居民区、文化教育科学研究区等人口集中区域。③法律、法规规定的其他禁养区域。

除在禁养区域不得建设畜禽场之外，畜禽场选址涉及禁养区域边界时，在遵循场界与禁建区域边界的最小距离符合畜禽防疫、畜禽场缓冲区设计要求时，根据当地的常年主导风向、风频等气象条件，尽可能选在保护目标的下风下水方位，尽可能减少畜禽场产生的恶臭、粪污等对周边大气和水体的污染。

在目前我国城乡建设迅猛发展态势下，养殖场的选址应考虑城镇和乡村居民点的长远发展，不要在城镇建设发展方向上选址，以免造成频繁的搬迁和重建，产生不必要的经济损失。

同时应控制一定区域范围内的饲养密度，既有利于改善畜禽场空气环境质量，又能与当地环境容量相协调，如根据当地种植业生产与土地利用情况，将畜禽粪便进行发酵等无害化处理后还田，实行土地消纳，在不超过土地环境粪便污染负荷临界值的前提下，就可以使畜禽废弃物变废为宝，实现零排放，促进畜禽养殖业与环境的可持续发展。

2. 综合考虑自然环境质量和配套设施

（1）地形地势。养殖场应选在地势较高、干燥平坦及排水良好的地方，要避开低洼潮湿的场地，远离沼泽地。地势要向阳背风，以保持场区小气候温热状况的相对稳定，减少冬春季风雪的侵袭。

（2）水环境。在畜牧生产过程中，畜禽饮用、饲料的清洗与调制、畜舍及设备的清洗与消毒、畜体清洁及小气候环境改善等都需要大量的水。没有充足的水源，或不能达到相应的用水卫生标准，畜禽生产就会受到影响。水源一旦受到污染，如化学污染（重金属或其他有毒有害物质等）或生物污染（致病菌、寄生虫等），就会引起畜禽化学性中毒或水介传染病和某些寄生虫病的传播。

因此，畜禽场选址时一定要充分考虑水源情况。保证运营期间饮用水的稳定供应和卫生安全。一般来说，对水源考察时，需要了解场址周围地面水系分布情况与汛情、地下水水位、含水层及水质情况。反映水质好坏的主要参数包括色、浑浊度、肉眼可见物、总硬度、溶解性总固体、氯化物、硫酸盐、总大肠菌群、氟化物、硝酸盐、总汞、铅、铬、镉、砷等。水源附近有无大的污染源。

（3）气候条件。气候因素主要是指与建筑设计有关和造成养殖场小气候的气候气象条件，如气温、降水、风力、风向及灾害性天气的情况。拟建地区常年气象变化包括平均气温、绝对最高与最低气温、土壤冻结深度、降水量与积雪深度，最大风力、常年主导风向、风频率等。气象资料对养殖场防暑、防寒日程安排及畜舍朝向、防寒与遮阳设施的设计等均有意义。风向、风力、日照情况与畜舍的建筑方位、朝向、间距、排列次序均有关系。

（4）交通。在满足卫生防疫要求，即与主要的交通干线保持一定安全距离的前提下，养殖场选址应保证交通方便、顺畅，有利于饲料原料等和产品销售的运输，最好距离饲料生产基地和放牧地较近。

（5）卫生防疫要求。为了防止养殖场受到周围环境的污染，选址时应避开居民点的污水排污口，不能将场址选在化工厂、屠宰场、制革厂、造纸厂等排污企业的下风向或附近。在城镇郊区建场应距离大城市20km，小城镇10km。按照畜牧场建设标准，要求距离国道、省际公路500m；距离省道、区际公路300m；一般道路100m，距居民区500m以上。禁止在旅游区、畜病区建场；不同养殖场，尤其是具有共患传染病的畜种场及大规模养殖场，各场之间应保持足够的安全距离。

场区周围可以利用树林或山丘等作为绿色隔离带，起到绿化美化环境，同时阻断疫病传播途径的天然屏障作用。

（二）监测

环境监测可以简单地定义为对环境质量因素代表值的测定，是确定环境质量，研究环境科学的基础和手段。

由环境监测提供的现状环境质量的数据，可以根据环境质量标准判断环境质量是否达标，可以判断污染物的分布情况，可以追溯污染物的污染途径和污染趋势，提供环境污染和环境破坏对生态和人群健康的影响。同时，它可以为制定环境法规、标准、规划、环境污染综合防治对策提供科学依据，并监视环境管理的效果。

畜禽养殖业的环境监测从监测目的、监测手段以及最终提供的监测数据所起作用来讲，与普通意义上的环境监测具有一定的共性。但同时，从行业排污以及环境保护主体的角度来讲，它又具有区别于工业环境监测和种植业环境监测的特点。

目前人们比较普遍地认为，畜禽养殖业环境保护的重点主要是畜禽养殖业粪便排放产生的环境污染问题。其实这一观点反映了人们仅片面强调畜禽养殖业对环境所产生的污染，而忽略了畜禽场环境质量的好坏对畜禽养殖业生产力的影响，最终影响畜禽产品质量（有毒有害物质在畜禽产品中积累、畜禽发病率升高等），并通过食物链进入人体而对人类健康产生不良影响，这涉及产品质量安全问题。无公害食品的概念也正是在这一基础上提出来的，即通过环境监测评价的手段来防止和控制周围环境对农产品的污染，以保证农产品的食用安全性。

因此，在畜禽养殖生产过程中，不仅应做好畜禽废弃物排放对周围环境的污染防治工作，同时，从提高畜禽养殖业生产力水平、保证畜禽产品质量安全的角度出发，应加强对畜禽场周围以及舍内环境的监督管理，实施畜禽产品源头环境监测，这是实现畜禽产品生产全过程质量控制的任务之一。

目前畜禽养殖业的环境监测按照监测对象大致可以分为畜禽场环境质量的监测和畜禽养殖场废弃物有毒有害残留的监测。畜禽场环境质量包括生态环境质量和畜禽饮用水水质；畜禽养殖场废弃物有毒有害残留主要指畜禽场排放污水中的有毒有害残留和畜禽粪便中的有毒有害残留。

畜禽养殖场、区的环境质量监测技术与常规的环境质量监测有很多相同之处，但由于畜禽场环境质量在内容上的延伸，即以畜禽为主体而定义环境，因此，因环境的主体不同，对其环境质量的监测工作也就有所区别，尤其是采样点的布置。

布点原则以布设点位能充分客观地反映畜禽生活的环境质量状况为主，同时兼顾畜禽场排污对周边环境的污染。因此，从保护畜禽生长环境的角度出发，在采样布点时，主要按照畜禽场养殖品种、生活习性、排污特点及各个功能分区情况，按照区域大小选择适当的采样密度进行布点。

1. 畜禽场空气环境监测

根据养殖场功能分区，即缓冲区、场区和舍区，分别布点。对于缓冲区与场区等较大区域，应在高、中、低 3 种不同污染浓度的地方分别布点，而对畜舍等小环境，按照样品代表性原则布设一个采样点即可；室外环境空气采样点的周围环境应开阔，采样水平线与周围建筑物高度夹角小于或等于 30° ；同一区域各采样点的设置条件要尽可能一致，使各监测数据之间具有可比性。

布点数量的设置通常是根据监测范围的大小、污染物的空间分布特征、养殖场规模大小、气象、经济条件等因素综合考虑决定。其中，养殖规模大小是关键，一般以每 $100m^2$ 布 10 个点。一般场区布点不少于 4 个，缓冲区布点不少于 4 个，畜舍内布点不少于 6 个。此外还应在缓冲区外设置 2 个对照点或空白点。

2. 畜舍气象环境因素测定

（1）温度测定。牛舍温度测定时，温度计于 0.5 ～ 1.0m 高度处固定于各列牛床的上方；猪舍温度测定时，温度计装在舍中央猪床的中部

0.2 ～ 0.5m 高度处；对于笼养鸡舍，温度计置于笼架中央高度，中央通道正中鸡笼的前方，平养鸡舍则置于鸡床上方。

（2）气流、湿度和气压测定。在选点位置上没有严格要求，但布点位置应具有较好的代表性。

（3）照度测定。测定面的高度为地面以上 80 ～ 90cm。

（4）噪声测定。要求传声器离地面高度 1.2m，与操作者距离 0.5m 左右，距离地面和其他主要反射面不小于 1m。

而畜禽饮用水及养殖场排污监测的布点采样可以参照常规的环境监测相关技术方法。

3. 畜禽场污水测定

采集具有代表性的水样是水质监测的关键环节。采样点位置的布设，采样时间和频率尤为关键。

（1）采样点位置的布设。采样断面和采样点位置是影响样品代表性因素之一，所以应在调查研究和收集资料的基础上进行布点。同时应结合监测目的、废水的均匀性以及人力、物力等因素综合考虑。

无论是小型养殖场还是大中型养殖场，一般来说仅一个排污口。因此采样点位置相对比较固定，即在整个畜禽场的污水总排放口设置一个采样点即可。

（2）采样时间和频率。采样时间的确定主要依据生产周期的变化，主要根据生产工艺、用水特点进行现场调查，采样时间和采样频率应和生产周期变化一致。

畜禽场污水主要来源于生产用水（畜舍冲洗、畜禽饮用、饲槽用具刷洗、饲料调制、畜体清洁、冲洗粪便等）和员工的生活用水。污水中主要含有尿、少量的粪和其他残余物（主要是垫料、草料和泥土等）。生产用水是畜舍污水的主要来源，一般占全场总用水量的 80% 以上。

因此，应根据畜禽场用水情况（畜舍冲洗时间、冲洗频率等）及排放时间设计相一致的采样时间和频率。对于连续排放污水的企业，应根据畜禽场的日常用水情况分别在不同时段采集水样。应尽可能使采集的

样品反映养殖企业的排污特点，如排污量最大、污染物浓度最高的排放高峰等。对于集中排放的养殖企业可以减少采样次数。

（三）畜禽环境评价

1. 概述

（1）定义。按照环境评价的基本含义，畜禽环境可以定义为：按照一定的评价标准和评价方法，对畜禽场环境质量的优劣、畜禽场环境质量的发展趋势以及它对周边自然环境质量和社会环境质量等影响所做的评估或预测。

（2）畜禽环境评价的分类。按照评价对象的时间属性，畜禽环境评价主要包括回顾评价、现状评价和影响评价 3 种类型。

环境质量回顾评价：是对畜禽场某一历史阶段的环境质量的历史变化的评价，评价的资料为历史数据。这种评价可以预测环境质量的变化发展趋势。

环境质量现状评价：这种评价是利用近期的环境监测数据，反映的是畜禽场环境质量的现状。

环境影响评价：主要是对新建、改建、扩建的畜禽场可能对环境产生的物理性、化学性或生物性的作用及其造成的环境变化和对人类健康和福利的可能影响，所进行的系统分析和评估，并提出减少这些影响的对策和措施。

（3）畜禽环境标准。环境标准是环境评价工作的主要基础和依据。

畜禽环境评价有两个目的：一是要保证畜禽适宜的生产、生活环境；二是要保护人类身体健康，不应影响人类正常的工作和生活环境。因此，畜禽环境评价所依据的环境标准包括一般意义上的环境标准和畜禽环境标准，根据评价目的的不同进行选取。

畜禽环境评价工作中应用的标准主要有两类和四级。两类即环境质量标准和污染物排放标准两类；4 个等级依次为国家标准、行业标准、地方标准及企业标准。

在标准的应用过程中，国家标准是指导标准，地方标准是直接执法标准。凡颁布了地方标准的地区执行地方标准，地方标准未作规定的应执行国家标准，地方污染物排放标准应严于国家排放标准。行业标准是对没有国家标准而又需要在全国范围内某个行业中统一的技术要求所制定的标准。相应的国家标准颁布实施后，该行业标准自行废止。

（4）环境影响评价文件。环境影响评价文件分为环境影响评价报告书、环境影响评价报告表和环境影响评价登记表。

环境影响评价文件是环境影响评价程序和内容的书面表现形式，是环境影响评价制度的重要组成部分。环境影响报告书必须由有环境影响评价资质的环评单位编写，由建设或开发单位提交给环境保护主管部门进行审查，并作为批准或否决建设项目的重要依据。环境影响报告表是建设单位就拟建设项目的环境影响以表格形式向环境保护部门提交的书面文件。适用于单项环境影响评价的工作等级均低于第三级的建设项目，按国家颁发的《建设项目环境保护管理办法》填写《建设项目环境影响报告表》。

2. 畜禽环境评价程序

畜禽场环境质量评价的工作程序，如图 2-1 所示。

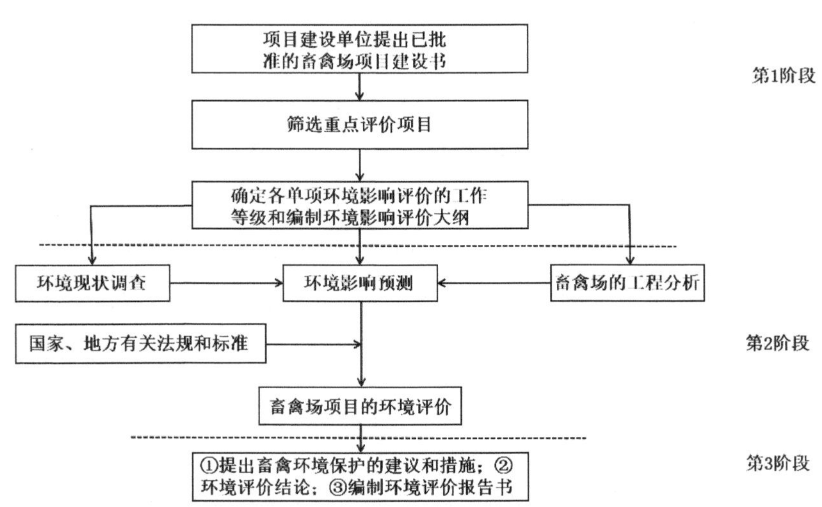

图 2-1　畜禽场环境质量评价工作程序

评价工作大体分为3个阶段。第1阶段为准备阶段，主要工作为研究有关文件，进行初步的工程分析和环境现状调查，筛选重点评价项目，确定各单项环境影响评价的工作等级，编制评价大纲；第2阶段为正式工作阶段，其主要工作为进一步做工程分析和环境现状调查，并进行环境影响预测和评价；第3阶段为报告书编制阶段，其主要工作为汇总、分析第2阶段工作所得的各种资料、数据，给出结论，编制环境评价报告书。

二、养殖环境的控制

（一）养殖场布局与功能分区

1. 养殖场规划布局

养殖场布局就是在养殖场范围内对各类建筑物进行的功能组团与合理分区。它是养殖场规划设计的重要组成部分。养殖场场区布局应本着因地制宜、科学饲养、环保高效的原则，合理布局，统筹安排，综合考虑周围情况，有效利用场地的地形、地势、地貌，并为今后的进一步发展留有空间。场区建筑物的布局在既做到紧凑整齐，又兼顾防疫要求、安全生产和消防安全的基础上，提高土地利用率，节约用地，尽量不占或少占耕地，节约土地资源。场区各建筑物布局是否合理，直接影响基建投资、经营管理、生产组织、劳动生产率、经济效益、场区环境状况与防疫卫生。因此，合理的场区布局至关重要，应遵循以下主要原则。

（1）根据不同畜禽场的生产工艺设计要求，结合地区的气候条件、场地的地形地势及周围的环境特点，因地制宜地进行场区的功能分区，合理布置各种建（构）筑物，满足生产使用功能，创造出经济的生产环境和良好的工作环境。

（2）充分利用原有的地形、地势，尽量减少土石方工程量和基础设施工程费用，减少基本建设费用。

（3）合理组织场内外的人流和物流，创造最有利的环境条件和生产联系，实现高效生产。

（4）保证建筑物具有良好的朝向与间距，满足采光、通风、防疫和防火的要求。

（5）养殖场建设必须考虑粪便、污水及其他废弃物的处理和资源化利用，确保其符合清洁生产的要求。

（6）在满足生产要求的前提下，建（构）筑物布局紧凑，节约用地，少占或不占可耕地。

（7）应充分考虑今后的发展，留有发展余地。特别是对生产区的规划，在占地满足当前使用功能的同时，必须兼顾将来技术进步和改造的可能性，可按照分阶段、分期、分单元建场的方式进行规划，以确保达到最终规模后总体的协调和一致。

2. 功能分区与布局要求

养殖场一般包括 5 个功能区，即生活区、管理区、生产区、粪便污水处理区、病畜隔离区。生产区是养殖场的核心，畜舍、饲料加工贮存、产品贮存、初加工等畜牧生产建筑物集中在此；管理区是畜牧生产经营管理部门所在地；生活区则是从业人员的生活居住区。同时应搞好场区绿化建设工程。

（1）生活区。指职工文化住宅区。应在养殖场上风向和地势较高地段，并与生产区保持 100m 以上的距离，以保证生活区良好的卫生环境。

（2）管理区。包括经营管理、产品加工销售等建筑物。管理区要和生产区严格分开，保证 50m 以上距离。外来人员只能在管理区活动。

（3）生产区。应设在场区的下风位置，要能控制场外人员和车辆，使之不能直接进入生产区，要保证最安全、最安静。大门口设门卫传达室、消毒更衣室和车辆消毒池，严格控制非生产人员出入生产区，出入人员和车辆必须进行严格消毒。生产区的畜舍要合理布局，按科学的饲养模式布置畜舍，各畜舍之间要保持适当距离。粗饲料库设在生产区下风口地势较高处，与其他建筑物保持 60m 以上的防火距离。饲料库、干草棚、加工车间和青贮池，要布置在适当位置，便于车辆运送，降低劳动强度，

但必须防止因污水渗入而污染草料。

（4）粪便污水处理、病畜隔离区。畜禽粪便与生产污水的堆放与贮存设施应设在生产区下风向，地势稍低处，且应有 300m 的卫生间隔。最好有围墙隔离，并远离水源，以防污染。

病畜隔离区应有围墙和独立通道，要方便消毒，方便污物处理等，与外界相对独立。尸坑和焚尸炉距畜舍 300m 以上。防止污水粪便废弃物蔓延污染环境。

同时，各功能区之间应有一定的间距。而生产区与病畜隔离区必须分别用严密的界墙、界沟封闭，并彼此保持 300m 间隔。管理区从事生产经营管理，需与外界社会保持经常联系，宜靠近公共道路。生活区则应具备舒适、安静、清洁、方便的环境。

为综合考虑防疫、采光与通风，前后两栋畜舍之间的距离，应不小于 20m 为宜。

（5）场区绿化。搞好场区绿化，不仅可以调节小气候（温度、湿度、气流等），改善空气质量，降低噪声，而且在卫生防疫、防火以及美化环境方面有着不可忽视的作用。一般要求场区绿化率不低于 20%。绿化的主要地段包括生活区、道路两侧、隔离带等。

（二）温热环境调控

在高温多湿的气候下，防暑对策是很重要的，针对夏季的暑热，使用环境控制设备调节环境内的温度、湿度仅为辅助办法，最基本的还是应该从畜舍的结构设计、方位及建场的选择开始。

另外，为了减少进入畜禽舍内的热度，需控制日射与提高防热的功能，并为了舍内散热、动物体内的放热与不良气体的排出，需促进通风。由于我国地域广阔，畜舍主要有封闭式、开放或半开放式建筑，不同地域的建场选择与结构设计应以当地常年主导风向为着眼点。若仍不能满足要求，可再配合风机实行强制通风或采取喷雾冷却等方式来控制暑热。正确的降温方法应是多管齐下，才能收到相辅相成的功效。

1. 结构设计

（1）较高的建筑。若拟完全靠自然通风来降温，无其他降温措施，则屋顶应高，建议采用 4m 或更高。若有配合其他降温措施，如外遮阳、风机、喷雾等，则屋顶高度可稍减，但仍有其低限。

（2）屋顶使用隔热材料或隔热涂料。一般使用彩钢复合板，可减少由外面传导进来的热量。屋顶外层涂上白色涂料或选择白色的材料，可降低日射吸收量。

（3）屋顶开天窗。允许上升的热空气由上方离开。钟楼式、双飞翼形、锯齿状或烟囱状设计均可。

（4）采用开放或半开放的畜舍。配合场址的选择，夏季的风向等，增加自然通风方式来降温。

（5）使用风机。可在屋顶开口下方加装风机，以加强换气量。

（6）屋顶洒水。将水直接喷洒于畜舍屋顶，靠水分蒸发带走潜热，降低屋顶温度，未蒸发的水可经由天沟回收利用。

（7）使用外遮阳。外遮阳系统平时可采用固定安装方式，遮阳布幕距屋顶应至少有 20cm 的距离，以允许空气流通。外遮阳系统应提供手动收起功能，以防止被强风吹坏。

（8）使用侧遮阳。侧遮阳系统有伸出式和卷扬式两种，皆可在强日照时遮蔽强光；但就降温的目的而言，伸出式优于卷扬式，因为前者属于屋檐的延伸，可遮住较多的直射光线；后者在卷下遮阳时会减少入风口面积，较为不利。后者的优点在于不占面积、价廉，亦可在低温或强风时提供保温与挡风的功能，前者则无此附属功能。

2. 方位选择与控制日射

在规划畜舍的方位时，要考虑阳光的入射方向。如夏季要避免直射舍内，而冬天则要求直射。在我国，畜舍建设方向应以南北方向为主。东西向长栋的畜舍，在夏季的早晨，从北侧及东侧会有直射光进入舍内，在傍晚，会从北侧及西侧有直射光进入舍内，中午则几乎没有直射光线。

东西向畜舍，在夏季的上午时分，从东侧会有直射光线进入舍内；下午则有直射光线由西侧进入舍内。完全开放型结构可配合侧遮阳系统的安装，尤其是那些东西向长栋，已无法修改的畜舍。另外，周边可多种高大树木来挡直射、散射与反射光的进入，但需注意应不影响通风。

3. 促进通风

通风是为了排出舍内对家畜生活上不必要且有害的热、水分、二氧化碳、氨气、硫化氢等不良气体，并补给新鲜空气。屋顶上方有开口的建筑有利于自然通风，亦可加装朝上的风机以加强通风效果。室内外温差造成空气密度差，热空气密度小，较轻，所以会往上，若屋顶较高则由于烟囱效应的关系，往上的空气流量也会加大。若屋顶有开口，则热空气可由开口逸出，避免蓄积。

4. 使用蒸发降温系统

目前，我国畜舍中所采用的蒸发降温设备主要有两类：一是喷雾降温系统；二是湿垫风机蒸发降温系统。

（1）喷雾降温系统。喷雾降温系统是用高压嘴将低温的水喷成雾状，以降低空气温度。采用喷雾降温时，水温越低，空气越干燥，降温效果越好。但喷雾会造成舍内空气湿度提高，故在湿热天气和潮热地区不宜使用。且因喷头质量和水质需处理等原因，目前国内的畜禽舍采用不多。

（2）湿垫风机蒸发降温系统。湿垫风机蒸发降温系统一般由湿垫（湿帘）、风机、循环水路和控制装置组成。湿垫可以用麻布、刨花或专用蜂窝状纸等吸水、透风材料制作。该系统以其降温效率高，系统造价与运行费用较低等特点，受到广大用户的欢迎。

（三）湿度控制

由于畜禽粪便大量排放及生产大量用水，使舍内空气、地面、墙体等表面比较潮湿，加之舍内温度较高，若生产中因防暑热采用喷雾等蒸发降温系统，很容易造成舍内相对湿度偏高，有助于细菌滋生，影响舍内环境卫生状况，影响畜禽的健康生长和生产性能。

畜舍内的空气湿度除受外界气象条件影响之外，还与饲养密度、通风换气、舍内排污方式、防潮管理等密切相关。目前畜舍排污系统主要有两种：传统式排污系统和漏缝地板式排污系统。传统式排污系统一般采用人工清粪方式，用水量较少，但人力工作强度大。目前多数养殖场采用漏缝地板式排污系统，且采用水冲粪方式，但是用水量较大。畜舍的防潮管理主要采取以下措施：①及时清粪、减少用水量。②使用垫料吸收水分。③保持舍内良好通风，及时排出舍内水汽。④将畜舍建在高燥的地方，畜舍墙体和地面作防潮处理。

（四）采光

光照对畜禽生产性能的影响在前面已经分析。舍内光照可分自然采光和人工照明。一般来说，开放舍、半开放舍及有窗密闭舍内的光照主要受舍外自然采光条件的影响，而完全密闭舍的光照则完全依靠人工照明。非密闭式畜舍的光照度较大，密闭有窗式畜舍内的光照度远比舍外低。畜舍跨度越大，畜舍中央光照度越小。舍内设备情况也明显影响光照的分布，面窗一侧光照度较强，背窗一侧则较差。门窗透风材料对畜舍内光照影响也很大，窗扇有无玻璃会引起窗台上散射光照的差异。不同畜禽对光照要求不同，因此应根据当地的地形条件、畜舍周围的环境条件等，合理设计采光窗户的位置、数量、大小，选择适宜的人工光源，根据畜禽品种进行合理布置，并尽可能保证舍内光照均匀，满足畜禽采光要求。由于不同家畜对光照的要求不同，为了获得光的最大生物效应、节约用电、降低能耗和生产成本，应充分利用自然采光。

1. 自然采光

自然采光指让太阳光直接通过畜舍的开露部分或门窗进入舍内达到照明的目的。自然采光的多少主要受畜舍的朝向、太阳高度角、窗户大小、形状及所处位置、窗户之间距离、舍内外反光情况及舍外情况等因素的影响。下面主要介绍畜舍朝向和采光面积。

（1）畜舍朝向。畜舍朝向不同，舍内获得光照的条件和舍温就会差

异很大。设计畜舍朝向时主要考虑阳光入射方向，如夏季要避免直射舍内，而冬天则要求直射。中国地处北纬 20° ～ 50° ，太阳高度角冬季小，夏季大。故畜舍朝向在全国范围内均以南向(畜舍长轴与纬度平行)为好，基本可以做到冬暖夏凉。冬季有利于太阳光照进入舍内，提高舍内温度，同时因紫外线照射而改善环境质量；夏季阳光则照不到舍内，可避免舍内温度升高。根据地区差异，同时应综合考虑当地地形、主导风向及其他条件，畜舍朝向可因地制宜向东或向西作 15° 的偏转。南方夏季炎热，以适当向东偏转为好。

（2）采光面积。采光面积的大小直接影响太阳光进入舍内的多少。窗户数量的多少、窗户设计位置和大小、形状以及窗户之间的距离直接影响采光面积和采光效果。采光面积越大，采光效果越好。但是从防寒采暖、防暑降温角度来看，采光面积过大，同样加大了夏季进入舍内的太阳辐射热和冬季舍内散热量。因此，确定合理的采光面积，必须综合考虑舍内温热环境控制的要求。采光面积一般用“采光系数”表示，即窗户的有效采光面积与舍内地面的面积之比。

2. 人工照明

人工照明的应用包括两层含义。

（1）补足自然采光不足。

（2）按动物的生物学要求建立适当的光照制度。人工照明一般可在早、晚延长照明时间，也可根据自然照度系数来确定补充光照强度，满足动物的生物学需求。人工照明一般以白炽灯和荧光灯作为光源。影响人工照明的因素主要包括光源选择、布置灯具数量和高度、有无灯罩以及灯的质量和清洁度等。另外，舍内设备的遮光和反光（墙壁、顶棚）对照明及均匀度也有一定影响。

采用人工光照的畜舍内的光照度及其分布取决于光源的发光材料、舍内设备的安置情况、墙和顶棚的颜色等。人工光源的光谱组成与太阳光谱不同，白炽灯光谱中红外线占 80% ～ 90%，可见光占 10% ～ 20%，其中蓝紫光占 11%，黄绿光占 29%，红橙光占 60%，没有紫外线；荧光灯的可见光光谱与自然光照相近，蓝紫光占16%，黄绿光占39%，红橙光占45%。

由于光照度、光照持续时间和明暗的更替变化，可引起畜禽生命活动的周期性变化，畜禽生产中常采用人工控制光照以提高畜禽生产力、繁殖力和产品质量，消除或改变畜禽生产的季节性。尤其是在现代养鸡生产中人工光照应用普遍，它克服了日照的季节性差异，能够通过人工控制给出符合鸡繁殖性能所需的光照周期，使蛋鸡任何季节都可以产蛋，遗传性能可以得到充分发挥。

（五）舍内有害气体污染控制

畜舍内最重要的污染气体包括氨气、硫化氢、二氧化碳、恶臭、总悬浮颗粒物、飘尘、微生物等，有害气体主要来源于畜禽粪、尿的分解。消除舍内有害气体，是现代畜牧生产中改善畜舍空气环境质量的一项非常重要的措施，可采取以下措施减少有害气体的污染。

1. 合理设计畜舍

在畜舍内设计除粪装置和排水系统。地面和粪便沟要有一定的坡度，材料应不渗水，粪便沟底面呈圆弧状，这样有利于粪便的及时排出。猪舍内粪便沟的盖板应设计成半漏缝而非全漏缝，减少粪便沟中恶臭气味散出。粪便池应远离畜舍。应加强畜舍卫生管理，及时清除粪便污水，使它不在舍内分解腐烂。

2. 科学管理

（1）通风是降低畜舍有害气体最有效的方法。在冬季，为了保温，畜舍往往减少通风，密封门窗，导致有害气体浓度升高。因此应当处理好通风与保温这对矛盾，在每天中午畜舍外温度较高时，进行必要的通风，增加舍内空气与外界气体的交换量，从而降低有害气体浓度，必要时可设置人工通风换气系统。

（2）及时清除粪便污水，尤其是夏季，气温高有利于微生物生存，更易产生臭味等有害气体。

（3）勤换垫草，减少畜禽粪便在垫草上积累，一般麦秸、稻草或干草对恶臭味均有良好吸收能力。

（4）保持畜舍内的干燥，应经常检查饮水器或饮水槽，避免漏水、溢水现象，增大空气湿度。当舍内湿度过大时，氨和硫化氢等易溶于水的有害气体被吸附在墙壁和天棚上，并随水分进入建筑材料中。当舍内温度上升时，这些有害气体又挥发出来污染环境。

3. 正确选用饲料，合理饲喂

畜牧业的污染主要来自畜禽粪、尿和臭气以及动物机体内有害物质的残留，究其根源来自饲料。饲料消化率越高，排泄物中蛋白质的残留量越少，畜舍中的有害气体产生就越少。优质饲料尤其是优质的蛋白质饲料消化率高，能够降低排泄物中蛋白质的残留量，减少有害气体的产生。有资料表明，猪对浸提棉籽饼中赖氨酸消化率为65%，对浸提大豆饼中赖氨酸消化率为87%。饲料的加工调制方法很多，有物理的、化学的、微生物的方法，各种方法对饲料养分消化率均产生影响。据研究表明，猪对整粒大麦中粗蛋白的消化率只有60.3%，而对磨细的大麦中粗蛋白的消化率达84.4%。随着饲料饲喂量的增加，饲料消化率降低。

另外，目前生物技术在调整饲料结构，减少环境污染方面的研究取得显著进展，如添加合成氨基酸，减少氮的排泄量；添加植酸酶，减少磷的排泄量等均能有效降低畜牧业生产过程中有毒有害物质的排放量。

4. 使用除臭剂

它是减少臭气和有害气体污染的重要手段之一。如一种丝兰属植物，它的提取物的两种活性成分，一种可与氨气结合，另一种可与硫化氢气体结合，因而能有效地控制臭味，同时也降低了有害气体的污染。另据报道，在日粮中加活性炭、沙皂素等除臭剂，可明显减少粪中硫化氢等臭气的产生，减少粪中氨气量40%～50%。

5. 绿化

做好场区绿化，可以有效降低场区温度，改善空气质量。绿色植物具有吸收二氧化碳，放出氧气的功能，有些绿色植物还能吸收某些有害气体，对空气中的粉尘有明显的阻挡、过滤和吸附作用，还有某些植物能分泌具有杀死细菌、真菌和原生动物能力的挥发性物质。

三、废弃物的处理

（一）畜禽废弃物种类及特点

畜禽养殖废弃物主要为家畜粪便。就粪便本身而言，其组成成分主要为粗纤维、蛋白质、糖类和脂类物质，它们在自然界中容易分解，并参与物质的再循环过程，如果以适当方式在适当的地点排放或利用，它不仅不会造成环境污染，而且还是农业生产中一种很好的肥料资源。但随着现代化、集约化畜牧业的迅速发展以及市场利益的推动，与传统的农户养殖相比，目前的畜禽粪便数量和特性均发生了很大的改变。一方面，养殖场由农村向城市郊区集中，饲养规模不断扩大，粪便不仅量大且排放集中，再加上种植业的肥料施用由有机肥为主转为化肥占主导地位等农牧脱节现象，造成粪肥过剩，家畜粪便大量积压，不能及时施用于农田；另一方面，生产中为了促进动物生长、防治动物疫病、生产功能性畜产品和经济利益驱动，抗生素、维生素、激素和金属微量元素添加剂等的滥用现象普遍存在，一部分兽药和饲料添加剂在动物体内残留或代谢分解，其余未吸收利用部分随粪便排出体外。粪便的高浓度集中排放，很容易超出区域环境容量，超出土壤、水、空气等的自净能力时，造成环境富集而产生污染。畜牧生产中产生的污水通常含有较多的有机物，有些污水中还含有病原微生物、寄生虫卵等，在向外界排放时，很容易导致周围水域和地下水的污染，或借助水体作介质进行疾病传播。粪便等有机物的分解和动物本身所产生的臭气对空气环境也有很大影响。尽管臭气对环境的危害程度远低于粪便、污水等，但由于空气的自净能力较弱，人对其反应比较敏感，其环境污染问题同样引起社会的广泛关注。此外，畜牧生产中还有很多废弃物，如圈舍垫料、废饲料、散落的羽毛、孵化产生的胚蛋、蛋壳、养殖场内剖检、病畜死尸、皮毛及畜产品加工废弃

物等，虽然数量较少，其环境污染问题较畜禽粪便而言，不甚突出，但其无害化处理尤其重要，也应引起足够重视。

目前，畜禽养殖场比较突出的环境污染问题主要是粪便、污水和恶臭的污染问题。按污染物形态分为固体、液体和气体。养殖种类、年龄、季节不同，排泄粪便的数量、形状以及各种物质的含量都会有所不同，具体可以从 3 个方面说明，即物理特点、化学特点、生物学特点。

1. 畜禽粪便的物理特点

（1）粪便排放量。畜禽的粪便排放量与养殖的种类、品种、季节、饲料的成分、性别、生长环境等诸多因素有关，但一般波动不是很大。

（2）粪便的气味。各种畜禽的粪便均有气味，因为家畜的尿中含有挥发性有机酸，所以具有臊味，尿的浓度越高，臊味越强。而粪便中的恶臭气味主要来源于畜禽大肠中蛋白质的分解、糖类的发酵和脂肪的分解。

（3）畜禽粪便的含水率。畜禽粪便的含水率因养殖种类、清粪方式等而变化很大。

2. 禽粪便的化学特点

（1）酸碱度。肉食家畜的尿液一般呈酸性，草食家畜的尿液一股呈碱性，而杂食家畜的尿液有时呈酸性，有时呈碱性。但是排出的尿经过放置后会逐渐偏向于碱性，这是因为尿素被微生物分解而产生铵盐的结果。而畜禽粪便的酸碱度则与饲料的种类、肠内容物及其腐败程度有关，各种健康家畜粪便的 pH 值一股呈中性或偏碱性。

（2）化学成分。尿的化学成分：家畜尿中水分占 95% ～ 97%，其他物质占 3% ～ 5%（其中包括有机物和无机物）。尿中的无机物主要有钙、镁、钾、钠和氨的各种盐，而有机物主要包括有机酸、结合葡萄糖醛酸以及含硫化合物等。

粪的化学成分：粪的化学成分包括水分、粗蛋白、粗脂肪、粗纤维和无氮浸出物，除水分外，其余部分称为干物质。

3. 畜禽粪便的生物学特点

（1）微生物。家畜排出的尿中存在着各种微生物，如葡萄球菌、链球菌、大肠杆菌、乳酸杆菌等。畜禽大肠中的各种微生物在其粪中几乎都可以找到，畜粪排出后由于受外界环境微生物的影响，粪中的微生物的数量和种类还会增加。

（2）寄生虫。畜禽的身体中有很多寄生虫，主要寄生于家畜的消化道和与消化道相连的器官上，呼吸道中也有部分寄生虫，但为数不多。寄生虫及其虫卵、幼虫，通常和粪便一起排出体外，存在于畜禽粪便中的寄生虫、虫卵和幼虫具有相当顽强的抵抗力，对人体健康和家畜的生长有很大的危害。

（3）毒性。畜禽粪便的毒性物质主要来源于两个方面：①畜禽粪便中的病原微生物（细菌、真菌和病毒等）和寄生虫；②粪中的化学药物（杀虫剂、抗生素等）、有毒金属和激素等。

（二）畜禽粪便环境污染

畜禽排泄物中的主要成分有含氨化合物、钙、磷、可溶无机物、粗纤维、其他微量元素及某些药物，各种成分的含量随畜禽品种、饲料原料及配方、饲养方式等不同而异。通过不同途径进入环境，对空气、水源、土壤等产生污染。

1. 水体污染

畜禽粪便及其包含的各种有害物质通过淋失、漏、径流等途径进入地表水和地下水。粪便的水体污染主要包括有机物污染、富营养化和病原体污染等。

（1）有机物污染。粪便中包含有大量的有机物质，这些有机物在存放过程中会逐渐分解，产生大量的有害物质。如果存放措施不当将导致有害物质进入水体，严重影响水质。

（2）水体富营养化。畜禽粪便分解后产生大量的氮和磷，氮和磷本是植物生长必不可少的营养物质。但是任何事物都有一个限度，进入水

体的氮和磷如果过多将会造成水体的富营养化。我国大多数畜禽养殖场都没有污水处理设施，未经处理的大量有机污水流入河流、水塘、湖泊，由于细菌的作用，有机物分解时消耗大量的氧气使水中的藻类植物大量滋生，藻类大量繁殖增加了水的耗氧量，有些藻类在代谢过程中还能产生有毒物质。同时飘浮在水面上的藻类遮盖阳光，阻碍水下植物进行光合作用导致死亡，水中鱼虾也会因缺氧而死亡，严重破坏了水体内的生态平衡。使水体由好氧分解变为厌氧分解，水质变黑、变臭，既污染环境又危害人体健康。

（3）病原体污染。畜禽粪便中含有大量的致病微生物，如果未经无害化处理或处理不当，粪便中未被杀死的病原菌和寄生虫卵便会繁殖肆虐，进入水体后造成水体的病原体污染，将直接导致流行病害的发生。

但是畜禽粪便的污染和工业污染不同，畜禽粪便中绝大部分污染成分可以降解，如果利用得当是很好的有机肥，而工业污染中各种成分如重金属、工业废气、废渣全是难以降解的物质，进入水体、大气中将会给人类生存环境构成严重威胁乃至危及人的生命。另外，粪便中含有大量的微生物，主要有病原微生物以及肠胃道细菌，还有寄生虫、虫卵和幼虫，这些病原体进入水体后通过水体进行扩散和传播或通过水生生物进行传播。这些病原体有很多能够造成人畜共患疾病，严重威胁人类的身体健康。

2. 空气的污染

畜禽粪便分解后会产生大量的 NH_3、H_2S、粪臭素、CH_4、CO_2 等有害气体，这些气体不但会导致动物应激，降低畜产品产量，而且排放到大气中对人类健康、空气污染和地球温室效应都产生负面影响，同时大量畜禽粪便的产生和积聚也是滋生蚊蝇、细菌繁殖和传播疾病的传染源。NH_3 刺激性强，对鼻、咽、喉都有强烈的刺激，会使人畜流眼泪，通过肺进入血液会破坏血红蛋白，使幼畜禽产生昏迷、麻痹，甚至中毒死亡；H_2S 是最具危害性的粪便气体，对畜禽及人的眼、呼吸道影响大；CH_4 是反刍动物排出的有害气体，已被认为是仅次于 CO_2 引起全球变暖的重要气体。畜禽粪便对空气的污染主要来源于畜禽场内外的粪池、粪沟、粪堆、化粪池。畜禽粪便中恶臭的成分相当复杂，对人体和动物的危害与其浓度和作用的时间有关，高浓度臭气将导致急性症状，但低浓度、长时间的作用也有慢性中毒的危险，对人畜健康和畜禽生产力产生影响。干燥的畜禽粪便中包含有许多非常细微的颗粒，其直径都很小，尤其是 10μm 以下的微粒极易被风刮起进入空气，在其上面附着很多病原微生物，成为传播疾病的载体。空气中的细菌总数是反映空气洁净程度的重要指标之一。通过农业农村部畜牧环境质量监督检验中心多年来对畜禽场以及畜禽场周围空气中的细菌总数检测发现，一般畜禽舍内的空气细菌总数不超过 2.5 万个 /m^3 为达标，而检测数值远远大于标准，以某鸡场夏季舍内的检测结果为例：空气细菌总数达到 28 万个 /m^3，超标 10 倍以上；猪场稍微次之，这说明舍内空气受到严重污染。场区空气和舍内空气的互相交换又造成场区及周边空气环境受到污染，从而影响周围居民的身体健康。

3. 土壤的污染

各种不同的物质构成了地球以及地球上的万物，但是它们都处于一种相对稳定的平衡状态，所谓污染物质都是相对的，当某一地域范围内某种物质超过了正常的水平就会对该地区的生态平衡产生影响，最终造成污染。土壤作为地域的承载者，该地区的空气和水受到污染后，最终都要经过物质的循环进入土壤，从某种意义上说，空气污染、水体污染等最终都会造成土壤污染。粪便污染土壤的主要方式有以下几种。

（1）畜禽粪便有机物分解产物污染。

（2）粪便中的病原微生物和寄生虫污染。

（3）畜禽粪便中的重金属以及抗生素、激素污染。

（三）废弃物处理

一方面畜禽场废弃物造成了很大的污染，危及畜禽本身及人体健康；另一方面，畜禽粪便又是一种宝贵的饲料或肥料资源，通过加工处理可

制成优质饲料或有机复合肥料，不仅能变废为宝，而且可减少环境污染，防止疾病蔓延，具有较高的社会效益和一定的经济效益。从国内外最新资料来看，粪便处理与一个国家的经济发展水平有关，对经济发达国家而言，粪便作肥料还田成为主要出路，对发展中国家来说，粪便作饲料仍是主要出路。目前欧美、日本等经济发达国家基本上不主张用粪便作饲料，东欧国家主张粪水分离，固体部分用作饲料，液体部分用于生产沼气或灌溉农田。

但是，在处理利用家畜粪便和污水过程中，最大问题就是粪便含水率高、气味恶臭、有机物浓度高，加之在处理过程中容易发生氨氮的大量挥发损失。同时粪便污水中还含有大量生物酶、细菌和寄生虫卵（部分细菌和虫卵是病毒性的，是家禽致病的主要因素）、消毒药水、重金属等有害物质，均会对环境造成巨大威胁。因此，无害化、资源化和综合利用畜禽粪便、污水是畜禽废弃物处理的基本方向。目前粪污处理技术主要包括物理、化学和生物处理技术。

1. 物理法

物理法主要用于粪便干燥脱水和除臭过程中，包括日光自然干燥、高温快速干燥、烘干膨化干燥、机械脱水，吸收或吸附除臭等。

（1）粪便脱水干燥处理。

光自然干燥：在自然或棚膜条件下，利用日光能进行中、小规模畜禽粪便干燥处理，经粉碎、过筛，除去杂物后，放置在干燥地方，可供饲用和肥用。该方法具有投资小、易操作、成本低等优点，但处理规模较小，土地占用量大，受天气影响大，阴雨天难以晒干脱水，干燥时容易产生臭味，氨挥发严重，干燥时间较长，肥效较低，可能产生病原微生物与杂草种子危害等问题，不能作为集约化、大规模畜禽养殖场的主要处理技术，但如改用大棚自然干燥法，处理经过发酵脱水的畜禽粪便，则具有阴雨天也能晒干脱水，且干燥时间较短等优点，比较适宜于我国采用。

高温快速干燥：高温快速干燥是目前我国处理畜禽粪便较为广泛采

用的方法之一。它采用煤、重油或电进行干燥。干燥需用干燥机。我国用干燥机大多为回转式滚筒，如原来含水量为 70% ～ 75% 的鸡粪经过滚筒干燥,在短时间内（约数十秒钟）受到 500 ～ 550℃或更高温的作用，鸡粪中的水分可以降低到 18% 以下。其优点是不受天气影响，能大批量生产，快速干燥，同时可实现去臭、灭菌和除杂草等效果，但存在一次性投资较大，煤电能耗较大，处理干燥时产生的恶臭气体耗水量大，特别是处理产物再遇水时，易产生更为强烈的恶臭，以及处理温度较高带来的肥效较差，易烧苗等缺点，加上处理成本较高、处理产物销路难等，导致该项技术目前推广应用还存在难度。

烘干膨化干燥：利用热效应和喷放机械效应两个方面的作用，使畜禽粪便既能除臭又能彻底杀菌、灭虫卵，达到卫生防疫和商品肥料、饲料的要求。该方法的缺点是一次性投资大，烘干膨化耗时较长，特别是夏天保持鸡粪新鲜比较困难,大批量处理时仍有臭气产生，造成二次污染问题。处理产物成本较高，使该项技术的推广应用同样受到限制。

机械脱水：采用压榨机械或离心机械进行畜禽粪便脱水，由于成本高，且仅能脱水，不能达到除臭、灭菌、除杂草等无害化处理作用，故效益偏低。

（2）吸收或吸附除臭。吸收法除臭是使混合气体中的一种或多种可溶成分溶解于液体之中，依据不同对象而采用不同方法。

液体洗涤：对于耗能烘干法臭气处理，常用的除臭方法是用水结合化学氧化剂，如高锰酸钾、次氯酸钠、氢氧化钙、氢氧化钠等，该法能使硫化氢、氨气和其他有机物有效地被水吸收并除去，存在的问题是需进行二次处理。

凝结：堆肥排出臭气的去除方法是当饱和水蒸气与较冷的表面接触时，温度下降而产生凝结现象，这样可溶的臭气成分就能够凝结于水中，并从气体中去除。

吸附法是将流动状物质（气体和液体）与粒子状物质接触，这类粒子状物质可从流动状物质之中吸附一种或多种不溶物质。活性炭、泥炭

是使用最广的除臭剂，熟化堆肥和土壤也有较强的吸附力，国外近年来采用折叠式膜、悬浮式生物垫等产品，用于覆盖氧化池与堆肥，减少好气氧化池与堆肥过程中散发的臭气，用生物膜吸收与处理养殖场排放的气体。

2. 化学法

化学处理法主要是利用化学物质与粪污中的有机物进行氧化反应。包括加热氧化和化学氧化。加热氧化时，温度要达到650℃才能破坏臭气成分，能耗较大，推广起来比较困难。化学氧化是采用臭氧进行氧化，同样生产成本高，推广困难。

3. 生物法

生物法主要是指利用微生物作用将粪污中有机物降解，使畜禽粪便无害化、减量化和资源化。该方法具有成本低，发酵产物活性强、肥效高、操作简便、易于推广等优点，同时能够达到除臭、灭虫卵等目的。因此，被专家认为是目前处理畜禽粪污技术中最有前途和最可行的处理方法，其技术关键在于微生物的生产和性能。

第二节　畜产品质量安全的饲养管理要求

一、奶牛饲养管理准则

奶牛饲养管理应执行中华人民共和国农业行业标准 NY 5049—2001。要搞好奶牛的饲养管理，必须要了解奶牛的生物学特性，搞好奶牛品种及个体的选择，掌握各饲养阶段奶牛的饲养管理要点。

（一）奶牛的生物学特性

1. 反刍行为

犊牛出生后 3 周可出现反刍行为，6 ～ 9 月龄达到成年牛水平，一般反刍时间为 8h/d，6 ～ 8 次，多者达 10 ～ 16 次。牛睡眠时间短，一般为 1 ～ 1.5h，因此可夜间放牧。

2. 消化特点

牛无上门齿，用上额与切齿钳住饲草然后切断，所以喂的饲草应切短，筛选无异物。奶牛瘤胃有大量纤毛虫和细菌，除发酵糖类和分解乳酸的细菌区系外，主要有分解纤维素、蛋白质及蛋白质合成和维生素合成等类细菌。由于瘤胃微生物可消化和分解青粗料中的纤维素，所以奶牛日粮可以粗料为主。瘤胃中有分解饲料蛋白质和合成微生物体蛋白的微生物，所以一般奶牛对蛋白质要求不高，但高产奶牛仍需供应较好的蛋白质饲料。瘤胃微生物可合成 B 族维生素，一般成年牛不缺乏 B 族维生素，但犊牛瘤胃微生物菌群未完全建立，所以犊牛日粮中应有充足的维生素。

瘤胃微生物可利用非蛋白氮，如尿素，在肉用牛、低产奶牛、役用牛的日粮中可代替 30% 的蛋白质。但值得注意的是，在瘤胃脲酶作用下

生成氨的速度为微生物对氨利用速度的4倍，所以要降低尿素分解速度，以免贮积氨过多而发生机体中毒。可通过抑制脲酶活性或制成凝胶淀粉尿素延缓释放氨的速度，还要供给易消化的糖类，满足合成蛋白质必需的能量。

3. 饮水量

奶牛消化1kg干物质需要饮3～5kg水，产1kg奶需要吸收3～4kg水。

（二）犊牛的饲养管理要点

1. 初生犊牛管理要点

擦去犊牛身上、口腔及鼻腔黏液，防止窒息死亡；在距犊牛腹部5～8cm处，剪断脐带；与母牛隔离，将犊牛单独饲喂于单栏保育室；出生后7～10d去角。

2. 饲喂要点

（1）及时喂初乳。最好喂自己母亲的初乳，尤其是头3d的初乳可全部用于喂犊牛。初乳一般喂1周。初乳不能煮开或加开水喂，只能用温水浴加温。

（2）逐渐使用奶粉或代奶品。3d后应给犊牛逐渐使用奶粉或代乳品。在单独护栏内饲养1周后，可将犊牛放到由3～4头犊牛组成的小群饲喂，并给犊牛饲喂少量精饲料。在犊牛逐渐适应后，可逐渐增加精饲料的喂量。

（3）逐渐添加优质干草。为了让犊牛对采食干草有良好的适应性，应在喂精饲料至1月龄左右，给犊牛栏内逐渐放入少量优质青干草，在犊牛逐渐适应后增加青干草的喂量。饲喂至3月龄左右应让犊牛以采食青干草为主，以补喂精饲料为辅。但在我国一些地区，没有优质的青干草，所以，此阶段仍以饲喂精料为主。

（三）育成牛的饲养管理要点（断奶到产犊前）

3～6月龄阶段：每日喂精饲料2.5kg，干草自由采食。

6月龄以后：每日喂混合精饲料2kg，青贮10～20kg，干草自由采食。

15 ～ 16 月龄：及时配种，并单独饲养。

配种要求：母牛在发情后 5 ～ 15h 排卵，在牛停止接受爬跨 3 ～ 5h 内输精最好，受胎率最高。

妊娠期推算：奶牛的妊娠期平均为 280d，预产期的推算方法是：配犊月份减 3，日期加 6。

（四）奶牛产犊前后的饲养管理要求

母牛初次妊娠临产前 2 个月清洗和按摩乳房，促进乳腺发育。初产母牛应在产犊前及时观察母牛预产情况，并做好接产准备工作。在母牛正常接产且胎衣排出后，应及时消毒，并用甲酚皂溶液（来苏水）清洗外阴部。产后 2d 内以优质干草为主，同时补饲易消化的饲料。产后 3 ～ 4d 时，如果奶牛各方面都很好，可随产奶量增加精饲料和青贮饲料的喂量。产后 1 周内，不宜饮冷水，以 37 ～ 38℃温水为好，尽量多饮水。产后母牛应饮麸皮盐水汤或红糖温水。

（五）哺乳母牛的饲养管理

1. 合理配制日粮

按 3 ∶ 1（奶料比）的原则加料。

2. 定时、定量饲喂

依据先粗后精、先干后湿、先喂后饮的原则进行定时、定量饲喂。青贮饲料一般采用自由采食，而精饲料则定时、定量喂。每天精饲料的饲喂次数应和挤奶次数相一致，可在机器挤奶间设置喂料槽，在挤奶时如果不能测出每头奶牛每天的产奶量及其体重，则可按母牛的产奶量设置同批产奶量相近的母牛一起挤奶，这样可使每头奶牛的采食精饲料量与所产奶量基本一致。国外一般采用计算机全自动控制采食量，即根据母牛前天的产奶量计算出当天的精饲料需要量，并按挤奶次数分摊到每顿的饲喂量。

3. 配合精饲料的比例

应根据母牛的产奶量、青贮饲料的品质，适当提高或降低精料的营养成分，以保证母牛在发挥产奶潜力的同时，仍能保持比较良好的体型，防止母牛过肥和过瘦。

4. 产奶牛乳房的清洗和按摩方法

挤奶前先用温热毛巾清洗乳房周围和乳头，然后换水再擦洗乳房表面。一头牛用一条干净毛巾和一桶干净热水。

5. 挤奶方法

分手工挤奶和机器挤奶两种。手工挤奶时要注意部位准确、手法要轻；机器挤奶时要注意在母牛一次挤奶基本干净后要及时拆除挤奶机，不要在挤后仍空挤母牛乳房，以免对母牛乳房造成伤害。两种方法挤奶时均要注意不要将有乳腺炎的母牛的奶混挤到一起。

（六）干奶期牛的饲养管理要点

母牛干奶期为60d，干奶方法有快速干奶法和逐渐干奶法两种。奶牛干奶期的饲养管理要做到以下几点。

（1）饲喂的饲料干物质控制在体重的2%，精饲料喂量为体重的0.6%～0.8%。精：粗=1 ：3。

（2）日粮中混合精饲料喂量2.5～3.0kg/（d·头），青贮20kg/（d·头）。

（3）增加运动，防止难产。

二、生猪饲养管理准则

生猪饲养管理应执行中华人民共和国农业行业标准NY 5033—2001。该标准规定了无公害生猪生产过程中引种、环境、饲养、消毒、免疫、废弃物处理等各环节应遵循的准则。该标准适用于无公害生猪猪场的饲养与管理，其他养猪场也可参照执行。生猪饲养管理按饲养阶段可分为哺乳仔猪的饲养管理、断奶仔猪的饲养管理、肉猪的饲养管理、后备母猪的饲养管理、哺乳母猪的饲养管理以及母猪怀孕期的饲养管理。

（一）猪的规范化生产

1. 采用工厂化流程式养猪

现代工厂化养猪生产，是在配种妊娠→分娩哺乳→仔猪保育→中猪生长→大猪育肥→肥猪出厂的流水线上进行“全进全出”的生产流程式饲养管理。繁殖母猪按计划同步发情、配种、分娩、断奶；饲粮按饲养标准配制；品种一致、配套；管理机械化、自动化；产品批量化、规格化。工厂化养猪能充分利用设备，发挥种猪的生产潜力，提高劳动生产力和经济效益。工厂化养猪也可减少粪便对外界环境的污染，提高产品质量，实行清洁化饲养管理。

2. 控制合理的饲养密度

密度过大，生长育肥猪的平均日增重和饲料利用率会下降；密度过小，不能充分利用圈舍，两者均会降低经济效益。根据饲养工艺进行转群时，应按体重大小、强弱分群，分别进行饲养，饲养密度要适宜，保证每只猪有充足的躺卧空间。

3. 定时定量喂养

每次添加饲料量要适当，要按时按顿饲喂，保证每顿喂时猪均有良好的食欲。每次喂时上顿料必须吃完，以防止饲料污染腐败。

4. 分开收集猪粪、猪尿

为了便于猪粪进行处理，首先要将粪、尿分开收集。除应在仔猪早期进行调教，让猪养成定点、定时大小便外，还要合理设计猪舍内设施。舍内应有 3% ～ 5% 的相对坡度，坡度低的一侧为排尿沟，整栋猪舍的排尿沟应中间略高、两边际略低，也可两边际略高、中间略低，低的一处与向外的排尿沟连接。这样可使猪排下的尿直接能排向舍外的集尿池，而猪粪可在舍内集中收集后运到发酵池中。

5. 病、死猪处理

需要淘汰、处死的可疑病猪，应采取不会把血液和浸出物散播的方

法进行扑杀，传染病猪尸体应按规定进行处理。猪场不得出售病猪、死猪。有治疗价值的病猪应隔离饲养，由兽医进行诊治。

（二）哺乳仔猪的饲养与管理

1. 抓好乳食，过好初生关

（1）固定乳头，吃好初乳。初乳是母猪分娩后 5 ～ 7d 内分泌的淡黄色乳汁，与常乳的化学成分不同，对初生仔猪有特别的生理作用。初乳中含有免疫抗体和镁盐，有轻泻性，可使胎粪排出，而且初乳的各种营养物质在小肠内几乎全被吸收，有利于增长体力和产热。因此，初乳是仔猪不可缺少或替代的食物。仔猪出生后应给予人工辅助，让仔猪尽早吃到初乳，最晚不超过 2h，以增加体力，恢复体温，补给水分。

仔猪有固定乳头吸乳的习惯，为了使同窝仔猪生长均匀、健壮，在仔猪出生后 2 ～ 3d 内应进行人工辅助固定乳头，使它吃好初乳，即在母猪分娩结束后，将仔猪放在躺卧的母猪身边，让仔猪自寻乳头，待大多数找到乳头后，对个别弱小或强壮争夺乳头的仔猪再进行调整，将弱小的仔猪放在前边乳汁多的乳头上，强壮的放在后边乳头上。

（2）加强保温，防冻防压。母猪冬、春季节分娩造成仔猪死亡的主要原因是冻死或被母猪压死，尤其是出生后 5d 内。仔猪的适宜温度，生后 1 ～ 3 日龄是 30 ～ 32℃，4 ～ 7 日龄是 22 ～ 25℃，2 ～ 3 月龄是 22℃。实际上仔猪总是群居，室温还可以略低些。

2. 抓补料，提高断奶窝重

（1）矿物质的补充。生后 2 ～ 3d 补铁，否则 10 日龄前后仔猪会出现食欲减退、被毛苍白、生长停滞和白痢等，甚至死亡。补铁的同时也需补铜，补充铁、铜最为常用的方法是补给铜铁溶液，即用 2.5g 硫酸亚铁和 1g 硫酸铜溶于 1 000mL 水中，装入棕色瓶内，当仔猪能吃料时拌入料中，1 个月后浓度可提高 1 倍。

（2）水的补充。仔猪常感口渴，如不喂给清水，就会喝脏水或尿，引起下痢，因此，在仔猪出生后 3 ～ 5 日龄起就可在补饲间设饮水槽，补给清洁饮水并要经常更换，以保持新鲜，还可稍加甜味剂，但不可用油腻的水。

（3）饲料的补充。5 ～ 7 日龄开始补料，训练仔猪开食。补料的目的除补充母乳之不足、促进胃肠发育外，还有解除仔猪牙床发痒、防止下痢的作用。仔猪开始吃食的早晚与其体质、母乳乳量、饲料的适口性及诱导训练的方法有关。

3. 抓旺食，过好断奶关

根据仔猪采食的习惯，选择香甜、适口性好的饲料，特别是在自然哺乳母猪乳量较多的情况下，这一措施能促进仔猪多吃料。补料要多样配合，营养丰富。一般不能全靠植物性蛋白质补料供给，最好给予一定数量的鱼粉、肉骨粉、脱脂奶粉等动物性蛋白质饲料。为了提高日粮的适口性和能量水平,采取添加糖和脂肪的办法,效果较好。注意饲料调制，加强饲养卫生。饲料均应新鲜、清洁，切忌喂霉坏变质饲料。

早期断奶可缩短母猪的哺乳期，使体重损耗少，断奶后可及时发情配种,从而缩短母猪的产仔间隔,使产仔窝数由每年 2 窝提高到 2.2 ～ 2.5 窝，从而提高母猪的繁殖能力和利用强度。对于早期断奶的仔猪，应根据其不同时期的营养需要配制全价日粮，并在清洁干燥而温暖的猪舍内饲养，以促进仔猪生长，防止下痢，减少弱猪比例，提高成活率，获得转群体重大、生长均匀的仔猪。

（三）断奶仔猪的饲养与管理

1. 断奶仔猪的饲养

使断奶仔猪能尽快地适应断奶后的饲料，减少断奶造成的不良影响。

（1）进行早期强制性给料，断奶前减少母乳的供给，迫使仔猪在断奶前就能进食较多饲料。

（2）使仔猪进行饲料的过渡和饲喂方法的过渡。饲料的过渡就是仔猪断奶 2 周之内应保持饲料不变，并添加适量的抗生素、维生素和氨基酸，以减轻应激反应，2 周之后逐渐过渡到吃断奶合适猪饲料。饲喂方法的过渡就是仔猪断奶后 3 ～ 5d 最好限量饲喂，平均日采食量为 160g，

5d 后实行自由采食。断奶仔猪栏内最好安装自动饮水器，保证随时供给清洁饮水。

2. 断奶仔猪的管理

（1）分群。为了稳定仔猪不安情绪，减轻应激损失，最好采取不调离原圈、不混群并窝的“原圈培育法”。

（2）良好的环境条件。

温度：断奶幼猪适宜的环境温度是：30 ～ 40 日龄为 21 ～ 22℃，41 ～ 60 日龄为 21℃，60 ～ 90 日龄为 18℃。

湿度：育仔舍内湿度过大可增加寒冷和炎热对猪的不良影响。潮湿有助于病原微生物的滋生繁殖，可引起仔猪多种疾病。断奶幼猪舍适宜的相对湿度为 65% ～ 75%。

清洁卫生：猪舍内外要经常清扫，定期消毒，杀灭病菌，防止传染病。

保持空气新鲜：猪舍空气中的有害气体对猪的毒害作用具有长期性、连续性和累加性，对舍栏内粪尿等有机物应及时清除处理，减少氨气、硫化氢等有害气体的产生，控制通风换气量，排出舍内污浊的空气，保持空气清新。

（3）调教管理。让其形成理想的睡卧和排泄习惯，这样既可保持栏内卫生，又便于清扫。

（4）设铁环玩具。猪出现咬尾和吮吸耳朵、包皮等现象，原因主要是刚断奶仔猪企图继续吮乳造成的，当然，也有因饲料营养不全、饲养密度过大、通风不良应激所引起的。玩具有放在栏内的玩具球和悬在空中的铁环链两种，球易被弄脏不卫生，最好每栏内挂两条由铁环连成的铁链，高度以仔猪仰头能咬到为宜。

（5）预防注射。仔猪 60 日龄注射猪瘟、猪丹毒、猪肺疫和仔猪副伤寒等疫苗，并在转群前驱除内外寄生虫。

（四）肉猪的饲养管理

1. 提供良好的饲养条件

（1）保证合理的饲养密度。饲养密度明显影响猪的群居和争斗、采食和饮水、活动和睡眠、排粪尿等行为。随着圈养密度或肉猪群头数的增加，平均日增重和饲料转化率均下降，群体越大生产性能表现越差。

（2）饲喂合理的配合日粮。按生长猪各阶段的营养需要标准来配制日粮。

（3）保证最优的环境条件。

适宜的温度和湿度：11 ～ 45kg 活重的猪最适宜温度是 21℃，而 45 ～ 100kg 的猪需 18℃，135 ～ 160kg 猪需 16℃。肉猪舍内温度对其增重的影响，是与湿度相关联的，获得最高日增重的最适宜温度为 20℃，最适相对湿度为 50%。在最适宜温度条件下，湿度大小对增重的影响是小的。湿度的高低与其他环境条件（空气净化度）有关，并有可能造成疾病而间接影响增重速度。

合理的光照强度和时间：肉猪舍人工光照提高到 40 ～ 50lx，对猪正常代谢有利，并能增强其抗应激性和提高其增重速度。但过高的光照（120lx 以上）并不好，因它能强烈激化氧化还原过程，会引起增重下降。在光照时间上，一般在肉猪采食时可保证光照供应，对采用自然光照的猪舍，可在猪采食后休息时适当遮挡一些自然光的照度，以便让肉猪得到充足的休息。

合理的通风换气：通风换气速度大小对肉猪的日增重和饲料转化率有一定影响。通风换气充足能保证猪舍内氧气的充足，有利于饲料营养物质在猪体内的吸收利用；同时充足的通风换气也可降低舍内有害气体的含量，使舍内空气中有害微生物下降到最低限度，这有利于降低猪的呼吸道疾病和消化道疾病的发生几率。猪舍小气候中其他环境因素对肉猪的生长影响也较大，在肉猪高密度群养条件下，空气中的二氧化碳、氨气、硫化氢、甲烷等有害成分的增加，都会降低肉猪的抵抗力，使肉猪容易感染疾病。

2. 提高肉猪生长速度的技术措施

（1）肉猪原窝饲养。原窝猪在 7 头以上、12 头以下都应原窝饲养，不能再重新组群。当两窝猪头数都不多，并有许多相似性时，要合群并圈也应在夜间进行，要加强管理和调教，避免或减少咬斗现象。这样可保证肉猪定期出栏。

（2）坚持科学的饲料调制。饲料调制原则是缩小饲料体积，增强适口性，提高饲料转化效率。实验证明，颗粒料优于干粉料，湿喂优于干喂。

（3）采用合理的饲喂方法。自由采食与定量饲喂两种饲喂方法经多次比较试验表明，前者日增重高、背膘较厚，后者饲料转化效率高、背膘较薄。为了提高瘦肉率和饲料转化效率，日常饲喂中应采用定量饲喂。定量饲喂方法有饲喂次数问题，应按饲料形态、日粮中营养物质的浓度以及肉猪的年龄和体重而定。日粮的营养物质浓度不高、容积大，可适当增加饲喂次数；相反，则可适当减少饲喂次数。在小猪阶段，日喂次数可适当增加，以后逐渐减少。

（4）供给充足清洁的饮水。肉猪的饮水量随体重、环境温度、日粮性质和采食量等而变化，一般在冬季，肉猪饮水量为采食风干饲料量的 2 ～ 3 倍或体重的 10% 左右，春、秋季其正常饮水量为采食风干饲料量的 4 倍或体重的 16% 左右。夏季约为 5 倍或体重的 23%。饮水的设备以自动饮水器为最佳。

（5）搞好调教工作。调教工作重点应抓好两个方面。第一，定量饲喂要防止强夺弱食。让所有猪都能均匀采食，除了要有足够长度的饲槽外，还应对强弱进行分圈饲养，帮助建立群居秩序。对喜争食、群体序列在前的猪要勤赶，对不敢采食、群体序列位于后面的猪，要单独建立圈舍，让弱猪生活在一起。但也不可经常调群，以防止经常打破已建立的群体平衡。第二，要对采食、睡觉、排便三角定位、固定地点，保持猪栏干燥清洁。通常运用守候、勤赶、垫草等方法单独或交错使用进行调教。

（6）去势。去势一般多在生后 35 日龄左右，体重 5 ～ 7kg 时进行。此时仔猪已会吃料，抵抗力较弱，体重小易保定，手术流血少恢复快。

（7）防疫。防疫应根据当地疫情制订免疫计划，做到头头接种，对漏防和从外地引进的猪，应及时地补接种。

（8）驱虫。肉猪的寄生虫主要有蛔虫、姜片吸虫和虱子等内外寄生虫。通常在 90 日龄时进行第一次驱虫，必要时在 135 日龄左右时再进行第二次驱虫。服用驱虫药后，应注意观察，若出现副作用要及时解救。驱虫后排出的虫体和粪便，要及时清除，以防再度感染。

（五）后备母猪的饲养管理

1. 选留后备母猪

（1）从优良公、母猪后代中挑选后备母猪。在选留后备母猪时，应设法了解其父母及其直系血亲的生产性能，要从饲料报酬高、增重快、肉质好、屠宰率高、母性好、产仔多、泌乳力强、仔猪生长发育快、断奶体重大、适应性强的优良公、母猪后代中挑选后备母猪。

（2）选留后备母猪的品种特征。体表要求是：头形清秀，眼明有神，母性良好，肩胛平整，胸部宽深，背腰平直宽广且长，后躯臀部宽广，肌肉丰满，四肢粗细适度，结实有力，姿势端正，身体各部位协调匀称；乳头发育正常，有效乳头数，国外猪种 6 对以上，我国地方猪与国外猪种杂交后的二元母猪 7 对以上，排列整齐，粗细长短适中，距离相等，特征明显；被毛稀疏，短而有光泽，周身平滑，富有弹性。

2. 后备母猪的培育

（1）加强运动，增强体质，促进肌肉和骨骼发育，防止过肥。

（2）要在基本保证营养的前提下，逐步以青粗饲料为主饲喂，锻炼胃肠消化粗饲能力，增大胃肠容积，一般日粮中精饲料与青饲料比例 1 ∶ 3 为宜。

（3）按月称重，根据体重发育情况分析改进培育措施。

（4）做好驱虫和防疫注射工作。

（5）6 ～ 8 月龄再进行一次选择，把不符合种用母猪标准的后备母猪及早转入育肥群，合格的后备母猪配种后转入基础母猪群。

三、禽类饲养管理准则

（一）禽类饲养控制技术

1. 肉鸡饲养控制技术

（1）肉鸡饲养控制要点。可采用地面散养和离地饲养的饲养方式。地面平养选择刨花或稻壳作垫料，垫料要干燥、无霉变，不应有病原菌和真菌类微生物群落。饮水管理，采用自由饮水。确保饮水器不漏水，防止垫料和饲料霉变。饮水器要求每天清洗、消毒。根据肉鸡的生产阶段和生产状态,水中可以添加葡萄糖、电解质和多维类添加剂。喂料管理，要求肉鸡从育雏期开始必须提供充足的饲养空间、充足的食槽和水槽位置，从幼雏阶段开始采用定时、定量饲喂，其优点在于：一方面可维持鸡每次采食的食欲旺盛，减少鸡的采食时间和饲料的浪费；另一方面便于观察鸡群，凡是由于外界环境条件改变或鸡体潜伏疾病等不正常因素存在时，采用定时定量喂料法可使采食不正常的鸡很快暴露出来，以便及时采取有针对性的治疗措施。经验证明，每昼夜喂料不少于6次，颗粒料不少于4次，有助于刺激食欲和减少饲料浪费。饲料必须采用按营养标准配制、符合无公害生产条件的饲料厂生产的饲料。在肉鸡上市前7d，饲喂不含任何药物及药物添加剂的饲料，一定要严格执行药物使用规定的停药期。饲料应存放在干燥的地方，存放时间不能过长，不应饲喂发霉、变质和生虫的饲料。

采用规范化饲养控制技术。饲养者要重视动物的福利，改善舍内小气候，提供舒适的生产环境，重视疾病预防以及早期检测与治疗工作，减少甚至杜绝禽病的发生，减少用药。根据鸡的日龄特点，提供适宜的温湿度。保障舍内空气质量良好,做好通风管理工作。根据肉鸡的生物钟、生长规律及发病特点，制定科学光照程序与限饲程序，用不同的配方饲料饲喂不同生长发育阶段的肉鸡，以使日粮营养成分更接近肉鸡营养需求，并可提高饲料转化率。

（2）强化生物安全控制。卫生防疫消毒工作，要求良好的卫生环境、严格的消毒、按期接种疫苗是养好肉用仔鸡的关键一环。对于每个养鸡场（户），都必须保证鸡舍内外卫生状况良好，对鸡群、用具、场区严加消毒，认真执行防疫制度，做好预防性投药、按期接种疫苗，确保鸡群健康生长。根据当地疫病流行情况，按免疫程序要求及时接种各类疫苗。防止鸟和鼠害，要求控制鸟和鼠进入鸡舍，饲养场院内和鸡舍经常投放诱饵，灭鼠和灭蝇。鸡舍内诱饵注意投放在鸡群不易接触的地方。鸡舍的窗应设置窗纱，以防止鸟类进入。

鸡舍内外、场区周围搞好环境卫生。舍内垫料不宜过脏、过湿，灰尘不宜过多，用具安置要有序，经常杀灭舍内蚊蝇。场区内要铲除杂草，不能乱放死鸡和垃圾等，保持经常性良好的卫生状况。场区门口和鸡舍门口要设有消毒池，并经常保持烧碱有效浓度。饲养管理人员要穿工作服,鸡场要限制外人参观,更不准运鸡车进入。选用的疫苗必须质量可靠。免疫程序要适合当地疫情和本场实际。合理使用兽药，严禁使用人类专用抗生素和在饲料中长期添加抗生素。建立兽药使用详细档案，并在清群后保存 2 年。严格执行休药期制度。拟定科学的给药方案，严格按疗程给药，正确联合用药，防止药物配伍禁忌，并建立药物使用档案，严格用药管理。选用高效、低廉、使用方便，对人和家禽安全、无残留毒性，并且在禽体内不产生有害物质的消毒剂。反复消毒时最好选用两种以上化学性质不同的消毒剂。

2. 蛋鸡饲养控制技术

蛋鸡生长期一般分为 3 个阶段，传统的划分方法是按照周龄进行的，即 0 ～ 6 周龄为雏鸡，7 ～ 18 周龄为育成鸡，18 周龄以后为产蛋鸡。可因地制宜地采取不同阶段的管理措施，使鸡的生产性能达到最大水平的发挥。

（1）雏鸡饲养控制。雏鸡的饲养环境最重要的是温度。初生雏鸡绒毛稀短，采食量少，体温调节机能还不完善，抗寒能力差，需要等到 2 周龄以后随着绒毛脱落和羽毛的生长，调节体温的机能才逐渐提高，抗寒能力也逐渐增强。所以开始育雏阶段，必须给以较高的温度，一般

35℃对雏鸡更有利于卵黄的吸收和抗白痢。第2周开始，每周降低2～3℃并根据气温情况，在4～6周龄脱温。在实际生产中通常根据雏鸡的分布和活动情况，来判断育雏温度是否合适。湿度低可影响羽毛的生长，而且粉尘多容易传播呼吸道疾病。湿度控制在55%～65%，湿度太低会增加鸡舍的悬浮颗粒物，鸡容易发生呼吸道病。

雏鸡第一次饮水称为“开饮”。饮水是育雏的关键，雏鸡在开始饮水之前不要提供饲料。一般要在雏鸡饮水3～6h之后才提供饲料。育雏第1天雏鸡饮用糖水可以减少前7d的育雏死亡率，糖水的浓度一般为8‰，电解质、维生素及抗生素也可用来饮水，减少早期的雏鸡死亡率。如果雏鸡长时间没有饮水意识，要人工强制饮水。水的消耗受环境温度和其他因素影响很大，炎热季节尽可能给雏鸡提供凉水，而寒冷冬季应提供不低于20℃的温水。笼养育雏前3d用真空饮水器，保证每只鸡都有足够的饮水，3d后在笼外水槽中加满水，并逐渐在1周内将真空饮水器撤掉。水的质量要符合生活饮用水标准。

雏鸡“开食”：要求在雏鸡全部饮到水之后才提供开食料。开食料选优质的雏鸡饲料。为了有效地减少或防止雏鸡“糊肛”，雏鸡的饲料上面铺一层碎玉米，数量为每100只雏鸡400～700g。雏鸡开食一般用浅料盘或蛋托，也可以把饲料撒在报纸上。为了防止雏鸡浪费饲料，在浅料盘或蛋托下面铺一层报纸或把运雏纸箱拆开垫在下面，3d后把笼中的报纸或纸板撤去。前3d饲料中根据情况可加入防白痢药物，但要注意拌匀和掌握剂量，防止药物中毒。

（2）育成鸡的饲养控制要点。育成期是蛋鸡发育的关键时期，这一时期生长的好坏对其产蛋期的生产力有重大影响。育成期的饲养管理要点是，使母鸡以与该品系相应的速度生长，并在育成末期有适宜的体重；育成末期有良好的均匀度；在适当而经济的周龄达到性成熟。

鸡体重和鸡群均匀度控制：育成期的饲养关键是控制体重，轻型蛋鸡容易出现体重不达标，中型蛋鸡容易出现超重。限制饲喂对育成鸡来说是管理措施中一项重要内容。鸡群的均匀度是反映鸡群的优劣和鸡只生长发育一致性的标准。良好的鸡群在育成末期均匀度应达到 80% 以上。一般说来，育成鸡的均匀度越高，在管理上越容易，鸡群开产越整齐，蛋重大小越一致，产蛋高峰来得快且高峰明显，总产蛋量也越多。提高鸡群均匀度的方法是挑鸡分群，根据体重大小把鸡群分成体重大、中、小 3 等，根据各自的体重情况，分别给予不同的饲料量。这项工作要尽早做，如果从外观上不能区分，那么就用秤逐只称重，不要怕麻烦。

开产日龄控制：母鸡产第 1 枚蛋的日龄为该鸡的性成熟期，也称开产日龄。对整个鸡群来讲，产蛋率达到 50% 的日龄为该鸡群的性成熟期。所谓适时性成熟，指鸡群在性成熟时体重达到该品种的体重标准，胫长达标。胫长是指鸡爪掌底至附关节顶端的一段距离，反映鸡骨骼发育状况，胫长和体重两项，可以判断鸡只体型发育的正常与否。适时性成熟对今后的生产性能有较大的影响。过早产蛋体型小、蛋重小、产小蛋时间长，鸡容易脱肛；过晚产蛋，延长了育成期，影响总产蛋量。一般通过限饲和光照控制，使鸡适时性成熟。

（3）产蛋期的饲养控制。

维持一定大小的体重：要达到较高的产蛋水平，产蛋母鸡必须有合适的成年体重，白壳蛋鸡合适的成年体重为 1 700g 左右，褐壳蛋鸡为 2 100g 左右，矮小型褐壳蛋鸡 1 600g 左右。寒冷季节鸡容易采食量过大而使体重太大，要进行限饲或降低饲料营养程度。炎热季节，鸡的采食量减少，体重很容易出现不够。一方面通过增加采食时间增加采食量，另一方面提高饲料的营养程度。

防止啄癖：啄癖是一种异常行为，是鸡的一种常见行为病，是鸡的一种“恶习”。啄癖严重时会给养鸡场造成较大的经济损失，占到死亡数的 80% 以上，必须对此病加以重视。诱发啄癖的原因有内在的，如笼养鸡缺少活动空间、鸡体换羽或性成熟等生理上的变化时期易引发啄癖。

提高蛋壳质量：蛋壳质量指蛋壳的强度、厚度、颜色和光滑度。蛋壳质量影响鸡蛋的破损率，一般情况下，从产出到消费鸡蛋的破损率高达 8%，好的鸡场可控制在 3% 以下。通过以下措施可以改善蛋壳质量。

第一，饲养蛋壳质量好的品种。蛋壳质量是可遗传的，不同的鸡种蛋壳的颜色、强度不同，一般产蛋率低的地方鸡蛋壳质量较好，褐壳蛋鸡好于白壳蛋鸡。

第二，光照对蛋壳质量有影响。长光照蛋壳质量较好，下午产的蛋，蛋壳形成时间长，蛋壳质量较好。

第三，控制日粮中钙磷比例和含量。产蛋期钙磷比例合适、其他营养配比合适的情况下，高钙（4%）日粮可提高蛋壳质量。高磷对蛋壳不利。

（二）禽类饲养设施与工艺要求

1. 家禽饲养设施要求

有一定规模禽舍饲养场一般采用如下生产方式：厚垫草地面平养、离地网上平养和笼养。不同的生产方式对设施的要求不一样。

平面垫料饲养，鸡舍地面铺上垫料，垫料可以是谷草等干净、吸水性良好的物品。一般厚为 3 ～ 5cm，并视垫草潮湿程度经常进行更换。供温方式可采用伞形育雏器、红外线灯、远红外线板和烟道等。

平面网上饲养，鸡饲养在鸡舍内离地面一定高度的平网上，平网可用金属、塑料或竹木制成，平网离地高度 50 ～ 60cm，网眼为 1.2cm × 1.2cm。这种方式节省垫料，雏鸡不与地面粪便接触，可减少疾病传播。供温方式可采用红外线板、电热管、烟道等。

立体饲养，鸡饲养在鸡舍离开地面的重叠笼或阶梯笼内，笼子可用金属、塑料或竹木制成，规格一般为 1m × 2m，这种方式虽然增加了育雏笼的投资成本，但有以下几方面的优点：提高了单位面积的育雏数量和房屋利用率；发育整齐，减少了疾病传染，提高了成活率。这种育雏方式采用烟道升温较为理想。

2. 家禽场饲养工艺要求

不管采用哪种生产方式，家禽养殖场净道和污道要分开。家禽养殖场周围要设绿化隔离带。实行全进全出制度，至少每栋禽舍饲养同一日龄的同一批家禽。雏禽对疾病的抵抗力比成年家禽差，成年家禽免疫后的排毒会造成雏禽感染，因此雏禽和成年禽应分区饲养，雏禽在上风向。净道主要是人员行走、饲料和产品运输的通道，污道是粪污运输的通道，两者不能交叉，防止污染。每批家禽出栏或淘汰后，都要进行彻底清洗消毒，因此，禽舍应能满足耐消毒剂、耐高压的性能要求。另外，为防止野鸟带入野毒，禽舍应有防护网，还要有温控及通风措施。家禽养殖场生产区、生活区分开，雏禽、成年禽分开饲养。禽舍地面和墙壁应便于清洗，并能耐酸、碱等消毒药液清洗消毒。禽舍屋顶和天花板用防水材料制成，处于良好状态且容易清洗；禽舍地面排水良好、安全舒适和卫生；禽舍墙壁建筑材料应坚固、防水、防风、防虫并便于消毒；禽舍房屋绝缘且高度适宜。在炎热的季节，禽舍要安装纱窗、纱门，并有防鼠装置。禽舍入口处应设有缓冲间以免冬季的寒风进入。

（三）禽类饲养设备要求

1. 肉鸡饲养设备要求

（1）育雏保温设备要求。

烟道供温：烟道供温有地上水平烟道和地下烟道两种。地上水平烟道是在育雏室墙外建一个炉灶，根据育雏室面积的大小，在室内用砖砌成一个或两个烟道，一端与炉灶相通。烟道排列形式因房舍而定。烟道另一端穿出对侧墙后，沿墙外侧建一个较高的烟囱，烟囱应高出鸡舍 1m 左右，通过烟道对地面和育雏室空间加温。地下烟道与地上烟道相比差异不大，只不过室内烟道建在地下，与地面齐平。烟道供温应注意烟道不能漏气，以防煤气中毒。烟道供温时室内空气新鲜，粪便干燥，可减少疾病感染，适用于广大农户养鸡和中小型鸡场，对平养和笼养均适宜。

煤炉供温：煤炉由炉灶和铁皮烟筒组成。使用时先将煤炉加煤升温后放进育雏室内，炉上加铁皮烟筒，烟筒伸出室外，烟筒的接口处必须密封，以防煤烟漏出致使雏鸡发生煤气中毒死亡。此方法适用于较小规模的养鸡户使用，方便简单。

保温伞供温：保温伞由伞部和内伞两部分组成。伞部用镀锌铁皮或

纤维板制成伞状罩，内伞有隔热材料，以利于保温。热源用电阻丝、电热管子或煤炉等，安装在伞内壁周围，伞中心安装电热灯泡。直径为 2m 的保温伞可养鸡 300 ～ 500 只。保温伞育雏时要求室温 24℃以上，伞下距地面高度 5cm 处温度 35℃，雏鸡可以在伞下自由出入。此种方法一般用于平面垫料育雏。

红外线灯泡供温：利用红外线灯泡散发出的热量育雏，简单易行，被广泛使用。为了增加红外线灯的取暖效果，可在灯泡上部制作一个大小适宜的保温灯罩，红外线灯泡的悬挂高度一般离地 25 ～ 30cm。一只 250W 的红外线灯泡在室温 25℃时一般可供 110 只雏鸡保温。

远红外线加热供温：远红外线加热器是由一块电阻丝组成的加热板，板的一面涂有远红外涂层（黑褐色），通过电阻丝激发红外涂层发射一种人眼不可见的红外光发热，使室内加温。安装时将远红外线加热器的黑褐色涂层向下，离地 2m 高，用铁丝或圆钢、角钢之类固定。8 块 500W 远红外线板可供 50m^2 育雏室加热。最好是在远红外线板之间安上一个小风扇，使室内温度均匀。这种加热法耗电量较大，但育雏效果较好。

（2）喂料饮水设备要求。主要有饲槽、喂料桶（塑料、木制、金属制品均可），大型鸡场还采用喂料机。饲槽的大小规格因鸡龄不同而不一样，育成鸡饲槽应比雏鸡饲槽稍深、稍宽。饮水器具有水槽、真空饮水器、钟形饮水器、乳头式饮水器、水盆等，大多由塑料制成，水槽也可用木、竹等材料制成。

（3）通风换气设备要求。保持室内空气新鲜，需要安装排气扇、换气扇等。

2. 蛋鸡饲养设备要求

（1）给料设备要求。蛋鸡饲养供料设备主要有贮料塔、输料机、喂料机、食槽。小型鸡场主要是食槽的选择。笼养鸡都用长的通槽，自动化喂料是采用输料机及链条式喂料机供料。平养鸡也可使用这种供料方式，也可用圆形饲料桶供料。雏鸡可用饲料浅盘。

食槽：可用木材、镀锌铁皮、硬质塑料制作。食槽的形状影响到饲料能否充分利用，槽底最好为“V”字形，食槽过浅、没有护沿会造成较多的饲料浪费，食槽一边较高、斜坡较大时能防止鸡采食时将饲料抛洒出槽外，可在面向鸡的一面的槽口设 2cm 高的挡料板。如在鸡群中使用，两边都要加挡料板，中间还要装一个可以自动滚动的圆木棒。食槽的大小要根据鸡体大小确定，雏鸡食槽、育成鸡食槽和成鸡食槽的宽度分别为 8cm、12cm、15cm，高度分别为 4cm、8cm、12cm，0 ～ 6 周龄的食槽长度为 4 ～ 5cm/ 只，7 ～ 20 周龄 7cm/ 只，20 周龄以上 8cm/ 只。

圆形饲料桶：可用塑料和镀锌铁皮制作，可用于垫料平养和网上平养。料桶中部有圆锥形底，外周套以圆形料盘。料盘直径 30 ～ 40cm，料桶与圆锥形底间有 2 ～ 3cm 间隙，便于饲料流出。圆形饲料桶置于一定高度，6 周龄前以 4 ～ 6cm 为宜，6 周龄后以 8cm 为宜。

（2）供水设备要求。蛋鸡饲养供水设备主要有真空饮水器、吊塔式自动饮水器、乳头式饮水器、槽式饮水器、杯式饮水器等。从节约用水和防止细菌污染的角度看，乳头式饮水器是最理想的，主要用于笼养鸡群，上端接水管，当鸡喙碰到“乳头”时，“乳头”上的阀门被推动，水流出来供鸡饮用，鸡喙离开“乳头”，阀门因水压关闭。但因产品质量不过关，漏水问题不能解决，时至今日还没有多少鸡场使用乳头式饮水器。目前笼养育成鸡和产蛋鸡使用最普遍的还是水槽，“V”形或“U”形，一端接水龙头，另一端通过限位溢水口和排水管道相连，常流水供水。这种水槽只要连接牢固，安装坡度适当，不会漏水，但要每天清洗水槽。小型鸡场两端封闭，人工加水。1 ～ 6 周龄长度一般为 1.25cm/ 只，7 ～ 20 周龄为 2.2cm/ 只，20 周龄以上为 2.7cm/ 只。雏鸡使用钟形真空饮水器最合适，但要定期加水，定期清洗。市售钟形真空饮水器有不同的型号，要根据鸡体的大小进行配置。由贮水器和饮水盘组成，在饮水盘上开一个出水孔。将贮水器装满水，饮水盘倒置其上，扣紧后翻转 180° 即可。平养鸡可以使用吊塔式自动饮水器，这种饮水器吊在天花板上，顶端的进水软管与主水管相连接，进来的水通过控制阀门流入饮水盘，既卫生又节水。

（3）供暖设备要求。蛋鸡育雏阶段和严冬季节需要供暖设备，可以用电热、水暖、暖气、红外线灯、远红外辐射加热器、煤炉、火炕等设备加热保暖。电热、水暖、暖气比较干净卫生。煤炉加热要注意防止发生煤气中毒事故。火炕加热比较费燃料，但温度较为平稳。只要能保证达到所需温度，因地制宜地采取哪一种供暖设备都是可行的。电热保温伞可以自制，也可购买，主要由热源和伞罩组成。伞罩内有电热管、温度调节器、照明灯等。伞罩由铁皮做成，也可用铁皮、铝皮或木板、纤维板以及钢筋骨架加布料制成，热源可用电热丝或电热板，也可用石油液化器燃烧供热。目前，电热保温伞的典型产品用埋入式陶瓷远红外加热板加热，每个 2m 直径的伞面可育雏 500 只，在使用前应用标准温度计校对其控温调节，以使控温正确。

（4）通风设备要求。多数鸡舍必须采用机械通风来解决换气和夏季降温。通风机械普遍采用的是通风机和风扇。通风方式分送气式和排气式两种：送气式通风是用通风机向鸡舍内强行送新鲜空气，使舍内形成正压，排走污浊空气；排气式通风是用通风机将鸡舍内的污浊空气强行抽出，使舍内形成负压，新鲜空气由进气孔进入。开放式鸡舍主要采用自然通风，利用门窗和天窗的开关来调节通风量，当外界风速较大或内外温差大时通风较为有效，而在夏季闷热天气时，自然通风效果不佳，需要机械通风作为补充。

（5）照明设备要求。目前采用白炽灯、日光灯和高压钠灯等光源来照明。白炽灯应用普遍。也可用日光灯管照明，将灯管朝向天花板，使灯光通过天花板反射到地面，这种散射光比较柔和均匀。用日光灯照明还可以节电。光控仪是控制光照时间和强度的仪器，可以自动控制光照时间和强度，并自动开关灯。

（6）鸡笼要求。笼养鸡时需要鸡笼。育雏器多采用 4 层重叠式，国产的有 9YCH 型和 9DYL 型。该育雏器分加热育雏笼、保温育雏笼和雏鸡活动笼 3 部分，各部为独立结构，可不同组合。总体结构 4 层育雏笼，每层高 33cm，每笼面积为 140cm × 70cm，层与层间有 70cm × 70cm 的粪盘。育雏笼由笼架、笼体、食槽、水槽和承粪盘组成。育成鸡笼组合形式多采用 3 层重叠式，总体宽度为 1.6 ～ 1.7m，高度为 1.7 ～ 1.8m。单笼长 80cm，高 40cm，深 42cm。笼门尺寸为 14cm × 15cm，每个单笼可容育成鸡 7 ～ 15 只。蛋鸡笼组合形式常见的有阶梯式、半阶梯式和重叠式，每个单笼长 40cm，深 45cm，前高 45cm，后高 38cm，笼底坡度为 6° 。伸出笼外的集蛋槽为 12 ～ 16cm。笼门前开，宽 21 ～ 24cm，高 40cm，下缘距底网留出 4.5cm 左右的滚蛋空隙。每个单笼可养 3 ～ 4 只鸡。

（7）产蛋设备要求。饲养肉用种鸡或平养蛋鸡可采用 2 层式产蛋箱，按每 4 只母鸡提供一个箱位，上层的踏板距地面高度应不超过 60cm。每只产蛋箱约 30cm 宽，30cm 高，32 ～ 38cm 深。产蛋箱两侧及背面可采用栅条形式，以保证产蛋箱内空气流通和利于散热，在底面的外沿应有约 8cm 高的缓冲挡板，以防止鸡蛋滚落地面。

（8）清粪设备要求。一般鸡场采用人工定期清粪，大型鸡场采用刮粪机机械清粪。

（9）断喙器要求。已定型的断喙器有 9QZ800 型、9QZ820 型等产品。操作时，机身的高低可进行调节。利用高温瞬间断喙。

（10）其他器具要求。鸡场还需要消毒器具、集蛋设备等。种鸡场还需要孵化器、出雏器和照蛋灯等。有的鸡场需要饲料加工设备。

第三节　畜产品质量安全的防疫要求

一、奶牛饲养兽医防疫准则

奶牛饲养兽医防疫应执行中华人民共和国农业行业标准 NY 5047—2001。

（一）奶牛防疫要求

1. 免疫接种

奶牛场应根据《中华人民共和国动物防疫法》及其配套法规的要求，结合当地实际情况，有选择地进行疫病的预防接种工作，并注意选择适宜的疫苗、免疫程序和免疫方法。

2. 疫病监测

牛的疾病包括内科病、传染病、产科病、寄生虫病和外科病。牛的内科病包括食管阻塞、瘤胃膨胀、瘤胃积食、前胃弛缓、异物性肺炎、创伤性心包炎、口炎、创伤性网胃炎、瓣胃阻塞、支气管肺炎、牛猝死症、软骨病、维生素 A 缺乏症、有机氯中毒、有机磷中毒、棉籽饼中毒、白肌（维生素 E 或硒缺乏症）、氢氰酸中毒、尿素中毒、氟乙酰胺中毒；牛传染病包括口蹄疫、炭疽、巴氏杆菌病、牛瘟、布氏杆菌病、结核病、气肿疽、恶性水肿、牛传染性胸膜肺炎；牛寄生虫病包括片形吸虫病、双腔吸虫病、前后盘吸虫病、血吸虫病、棘球蚴病、脑多头蚴病、牛网尾线虫病、犊新蛔虫病、牛球虫病；牛产科病包括流产、子宫脱出、胎衣不下、持久黄体、卵巢囊肿、子宫内膜炎、犊牛下痢；牛外科病包括创伤、脓肿、风湿病。奶牛场常规监测疫病的种类至少应包括牛的传染性疾病和牛产科病。

除上述疫病外，还应根据牛场实际情况，对其他一些疫病进行监测。

3. 疫病控制和扑灭

奶牛场发生疫病或怀疑发生疫病时，应依据《中华人民共和国动物防疫法》及时采取以下措施。

（1）场兽医应及时进行诊断，并尽快向当地畜牧兽医行政管理部门报告疫情。

（2）确诊发生口蹄疫、牛水疱病时，养牛场应配合当地畜牧兽医管理部门，对牛群实行严格的隔离、扑杀措施；发生牛瘟、牛结核病等疫病时，应对牛群实行清群和净化措施；全场进行彻底的清洗消毒，病死或淘汰牛的尸体按规定进行无害化处理。

4. 记录

每群奶牛都应有相关的资料记录，其内容包括：奶牛的来源、饲料消耗情况、发病率、死亡率及发病原因、无害化处理情况、实验室检查及其结果、用药及免疫接种情况、犊牛出售情况。所有记录应在清群后保存 2 年以上。

（二）日常卫生消毒

1. 消毒剂

选用的消毒剂应符合规定。要选择对人和牛安全、没有残留毒性、对设备没有破坏、不会在牛体内产生有害残留的消毒剂。在母牛挤奶期间应适当控制消毒剂的使用剂量。

2. 消毒方法

消毒方法包括喷雾消毒、浸液消毒、熏蒸消毒、紫外线消毒、喷洒消毒、火焰消毒。

（1）喷雾消毒。用一定浓度的次氯酸盐、有机碘混合物、过氧乙酸、新洁尔灭等，用喷雾装置进行喷雾消毒。主要用于牛舍清洗完毕后的喷洒消毒、带牛消毒，牛场道路和周围场地、进入场区的车辆消毒。

（2）浸液消毒。用一定浓度的新洁尔灭、有机碘混合物或煤酚的水溶液，用于洗手、洗工作服或胶靴。

（3）熏蒸消毒。每立方米用福尔马林（40% 甲醛溶液）42mL、高锰酸钾 21g，20℃以上、70% 以上相对湿度，封闭熏蒸 24h。甲醛熏蒸牛舍应在进牛前进行。

（4）紫外线消毒。在牛场入口、更衣室，用紫外线灯照射，可以起到杀菌效果。

（5）喷洒消毒。在牛舍周围、入口、产床和培育床下面撒生石灰或氢氧化钠可以杀死大量细菌或病毒。

（6）火焰消毒。用乙醇、汽油、柴油、液化气喷灯，在牛栏、牛床等牛经常接触的地方，用火焰依次瞬间喷射，对产房、犊牛培育舍使用效果更好。

3. 消毒制度

（1）环境消毒。牛舍周围环境每 2 ～ 3 周用 2% 氢氧化钠或撒生石灰消毒 1 次；场周围及场内污水池、排粪池、下水道出口，每月用漂白粉消毒 1 次。在大门口、牛舍入口设消毒池，注意定期更换消毒液。

（2）人员消毒。工作人员进入生产区净道和牛舍要经过洗澡、更衣、紫外线消毒。严格控制外来人员，必须进生产区时，要洗澡、更换场区工作服和工作鞋，并遵守场内防疫制度，按指定路线行走。

（3）牛舍消毒。每批牛调出后，要彻底清扫干净，用高压水枪冲洗，然后进行喷雾消毒或熏蒸消毒。至少要一年进行一次。

（4）用具消毒。定期对保温箱、补料槽、饲料车、料箱、针管等进行消毒，可用 0.1% 新洁尔灭或 0.2% ～ 0.5% 过氧乙酸消毒，然后在密闭的室内进行熏蒸。

（5）带牛消毒。定期进行带牛消毒，有利于减少环境中的病原微生物。可用于带牛消毒的消毒药有 0.1% 新洁尔灭、0.3% 过氧乙酸、0.1% 次氯酸钠。

二、生猪饲养兽医防疫准则

生猪饲养兽医防疫应执行中华人民共和国农业行业标准 NY 5031—2001。

（一）生猪防疫要求

1. 免疫接种

养猪场应根据《中华人民共和国动物防疫法》及其配套法规的要求，结合当地实际情况，有选择地进行疫病的预防接种工作，并注意选择适宜的疫苗。

2. 疫病监测

养猪场常规监测疫病的种类至少应包括：口蹄疫、猪水疱病、猪瘟、猪繁殖与呼吸综合征、伪狂犬病、乙型脑炎、猪丹毒、布鲁菌病、结核病、猪囊尾蚴病、旋毛虫病和弓形体病。除上述疫病外，还应根据猪场实际情况，选择其他一些必要的疫病进行监测。

3. 疫病控制和扑灭

养猪场发生疫病或怀疑发生疫病时，应依据《中华人民共和国动物防疫法》及时采取以下措施。

（1）猪场兽医应及时进行诊断，并尽快向当地畜牧兽医行政管理部门报告疫情。

（2）确诊发生口蹄疫、猪水疱病时，养猪场应配合当地畜牧兽医管理部门，对猪群实施严格的隔离、扑杀措施；发生猪瘟、猪繁殖与呼吸综合征、伪狂犬病、布鲁菌病、结核病等疫病时，应对猪群实施清群和净化措施；全场进行彻底的清洗消毒，病死或淘汰猪的尸体按规定进行无害化处理。

4. 记录

每群生猪都应有相关的资料记录，其内容包括：猪来源、饲料消耗情况、发病率、死亡率及发病原因、无害化处理情况、实验室检查及其结果、

用药及免疫接种情况、猪发运目的地。所有记录应在清群后保存 2 年以上。

（二）日常卫生消毒

1. 消毒剂

消毒剂要选择对人和猪安全、没有残留毒性、对设备没有破坏、不会在猪体内产生有害物的消毒剂。

2. 消毒方法

消毒方法包括喷雾消毒、浸液消毒、熏蒸消毒、紫外线消毒、喷洒消毒、火焰消毒等。

（1）喷雾消毒。用一定浓度的次氯酸盐、有机碘混合物、过氧乙酸、新洁尔灭等。用喷雾装置进行喷雾消毒。主要用于猪舍清洗完毕后的喷洒消毒、带猪消毒、猪场道路和周围、进入场区车辆的消毒。

（2）浸液消毒。用一定浓度的新洁尔灭、有机碘混合物或煤酚的水溶液，用于洗手、洗工作服或胶靴。

（3）熏蒸消毒。每立方米用福尔马林（40% 甲醛溶液）42mL、高锰酸钾 21g，21℃以上、70% 以上相对湿度，封闭熏蒸 24h。甲醛熏蒸猪舍应在进猪前进行。

（4）紫外线消毒。在猪场入口、更衣室，用紫外线灯照射，可以起到杀菌效果。

（5）喷洒消毒。在猪舍周围、入口、产床和培育床下面撒生石灰或氢氧化钠，可以杀死大量细菌或病毒。

（6）火焰消毒。用乙醇、汽油、柴油、液化气喷灯，在猪栏、猪床经常接触的地方，用火焰依次瞬间喷射，对产房、培育舍使用效果更好。

3. 消毒制度

（1）环境消毒。猪舍周围环境每 2 ～ 3 周用 2% 氢氧化钠或撒生石灰消毒 1 次；场周围及场内污水池、排粪池、下水道出口，每月用漂白粉消毒 1 次。在大门口、猪舍入口设消毒池，注意定期更换消毒液。

（2）人员消毒。工作人员进入生产区净道和猪舍要经过洗澡、更衣、紫外线消毒。严格控制外来人员，必须进生产区时，要洗澡、更换场区工作服和工作鞋，并遵守场内防疫制度，按指定路线行走。

（3）猪舍消毒。每批猪调出后，要彻底清扫干净，用高压水枪冲洗，然后进行喷雾消毒或熏蒸消毒。

（4）用具消毒。定期对保温箱、补料槽、饲料车、料箱、针管等进行消毒，可用0.1%新洁尔灭或0.2%～0.5%过氧乙酸消毒，然后在密闭的室内进行熏蒸。

（5）带猪消毒。定期进行带猪消毒，有利于减少环境中的病原微生物，可用于带猪消毒的消毒剂有：0.1%新洁尔灭、0.3%过氧乙酸、0.1%次氯酸钠。

第四节　畜产品质量安全的投入品使用要求

一、饲料

（一）饲料原料的卫生质量要求

1. 饲料原料产地环境质量要求

无公害饲料原料产地应选择在生态条件良好、远离污染源、具有可持续生产能力的农业生产区域。环境空气质量要符合要求，灌溉水质量应遵照国家生态环境部发布的国家标准。土壤环境质量参照农业农村部制定的无公害食品标准、蔬菜产地环境条件和土壤环境质量标准执行。

2. 饲料原料的质量管理

（1）严格按规定挑选原料产地、稳定原料购买地。饲料企业原料采购人员，除应对国内外饲料原料的价格充分了解外，还应对企业所用的各种原料的产地环境质量情况了如指掌。一旦将原料产地确定后，除非遇到价格的过大波动，否则应长期固定原料购买地，这样能充分保证原料的清洁卫生。

（2）严格实行原料购买中的质检一票否决制。为了及时检测原料质量，饲料厂家应建立化验室，除常规分析仪器外，更重要的是要配置显微检测仪器和有毒成分检测仪器。在初步确定原料产地后，购前应首先抽取产地的原料进行质检，尤其是对有毒有害物质的检查，然后按照质检情况来确定是否在该地购买此批原料。在确定购买原料后，应以质定价，签订质量指标明确的合同。在原料进库前，应对原料进行认真的质量指标检验，对不合格的原料，坚决实行质检一票否决制。

3. 原料检测方法及质量控制

（1）样本采集。对于自检或送检的样本，应严格按照采样的要求，抽取平均样本。

（2）水分的控制。对自检或送检的样本，应严格控制入库前水分含量不高于 12.5%（南方）。如果原料含水量达 14.5% 以上，不但存放中容易发热霉变，而且会使粉碎效率降低。要求谷物类饲料原料的水分含量小于 14%，每增加 1% 水分，其粉碎率可降低 6%。

（3）杂质程度的控制。饲料原料中杂质最多不超过 2%，其中矿物质不能超过 1%。

（4）霉变程度的控制。饲料原料中可以滋生的霉菌有 80 种以上，其中黄曲霉素对于家禽和幼龄家畜的危害更为严重。干饲料中黄曲霉毒素的允许量，多数国家规定为 50mg/kg。一般认为，在饲料中含量达 400mg/kg 以上时，畜禽会发生中毒。因此，对贮存时间长久、已有轻微异味或结块的原料，应按要求采样，经有关部门检测后，酌情处理。

（5）注意其他有害成分。例如，棉籽饼中的游离棉酚含量，菜籽饼中的硫葡萄糖苷及其分解产物——异硫氰酸盐和噁烷硫酮的含量，大豆饼中的脲酶活性。在采购过程中千万要注意此“三饼”有毒成分的含量。对于矿物质饲料或工业下脚料，要测定其中汞（小于 0.1mg/kg）、铅（小于 10mg/kg）、砷（小于 2mg/kg）、氟（小于 150mg/kg）的含量。另外，注意鱼粉的掺假、掺杂情况，要进行显微检测。

（二）饲料的质量要求

1. 饲料卫生质量鉴定

所谓饲料卫生质量鉴定就是经常或在需要的时候检查饲料中是否存在有害物质，并阐明其性质、含量、来源、作用和危害，同时，在此基础上做出饲料处理等结论。通过鉴定，可保证畜禽健康和生产力的提高，可减少饲料资源的浪费，同时还能明确饲料卫生质量事故的原因和责任。

在实际工作中，如下几种情况，需要进行饲料卫生质量鉴定。

（1）经常性的鉴定。为了保证畜禽健康和生产力正常发挥，饲料监测部门有计划地、定期地或以抽查的方式对饲料进行卫生质量鉴定，在易发生问题的季节（夏季），应安排这项工作。

（2）对新产品、新工艺的鉴定。对未曾生产的新品种或新开发的饲料资源，必须系统地进行鉴定。对已有的饲料品种，如配方与工艺发生改变，也需进行鉴定，以确定是否符合卫生要求。

（3）发生中毒或与饲料有关的疾病时，对可疑饲料进行鉴定。这种鉴定涉及对患病畜禽治疗是否及时，甚至涉及法律责任，因而要求较高。

（4）怀疑饲料受到污染时进行鉴定。这种鉴定涉及批量饲料的处理，因而较为复杂。

2. 饲料卫生标准

饲料卫生标准可参照国家标准《饲料卫生标准》（GB 13078—2001）执行。该标准规定了饲料中的有害物质及微生物允许量，适用于加工、销售、贮存和进出口的猪、鸡配合饲料、混合饲料和饲料原料。

3. 配合饲料企业卫生规范

配合饲料企业卫生规范应按照《配合饲料企业卫生规范》（GB/T 16764—2006）执行。该标准适用于从事配合饲料及浓缩饲料的生产、加工、贮存、运输和销售的单位或个人。

二、饲料添加剂

（一）饲料添加剂的种类

从使用添加剂的主要目的和作用的角度，可将现在常用的饲料添加剂概括为六大类。

1. 补充和平衡营养类

包括氨基酸、维生素、微量矿物元素和非蛋白氮化物等。

2. 保健和促生长剂类

单独具有或兼有抑菌防病、驱虫，促进饲料养分利用，促进动物生长、产蛋、产奶等作用的饲料添加剂，包括抗生素、合成抗菌药物、驱虫剂。

3. 生理代谢调节剂类

包括激素类、抗应激剂类、中草药类。

4. 增食欲助消化类

包括酸化剂、甜味剂、鲜味剂、香料、生菌剂（益生素）、酶制剂和缓冲剂等。

5. 饲料加工及保存剂类

包括防霉剂、抗氧化剂、黏结剂、抗结块剂、乳化剂、青贮保存剂等。

6. 其他类

包括着色剂、饲料色素、活性炭、沸石、麦饭石、膨润土、硝酸稀土等。

（二）维生素预混料

维生素因其在畜禽代谢过程中起着重要的营养和保健作用，从而成为现代饲料工业和集约化饲养条件下必须补充的饲料添加剂，且用量大、进口多、价格昂贵。一般来说，影响单一维生素制剂稳定性和效价的因素相对较少，并且研究也较为深入。目前生产中大量应用的是由多种维生素制剂加上载体或稀释剂制成的均匀混合物，即多种维生素预混料产品（简称维生素预混料）。具有不同理化特性和生物效价的各种维生素相混合后情况就比较复杂。由于受配方的影响，其质量控制有较大的难度。

（三）微量元素预混合饲料

微量元素常指占动物体重 0.01% 以下的矿物元素，包括铜、铁、锰、锌、钼、钴、硒等。

（四）允许使用的饲料添加剂品种

允许使用的饲料添加剂品种目录由农业农村部发布，并监督实施。该目录中规定的饲料添加剂总数达 173 种（类）。包括：饲料级氨基酸 7 种，饲料级维生素 26 种，饲料级矿物质、微量元素 43 种，饲料级酶制

剂 12 类，饲料级微生物添加剂 12 种，饲料级非蛋白氮 9 种，抗氧化剂 4 种，防腐剂、电解质平衡剂 25 种，着色剂 6 种，调味剂、香料 6 种，黏结剂、抗结块剂和稳定剂 13 种（类），其他 10 种。

（五）使用饲料添加剂应注意的问题

1. 合理使用

饲料添加剂种类繁多，各有其不同的作用特点，必须结合畜禽饲养的需要、饲养条件和健康状况，有针对性地选择使用，任何一种饲料添加剂都不是万能的灵药，其使用效果取决于使用方法和饲养条件。饲料添加剂的作用与畜禽的生理状态、发育情况、年龄及环境条件等有关。比如，幼畜比成畜的生长速度快，所以，给幼畜添加促生长添加剂效果明显好于成畜。又如，抗生素等药物添加剂，对环境卫生差或患病的畜禽效果特别显著。同一种饲料添加剂在不同的地区、不同的气候和土壤条件及不同的饲养条件下，所添加的数量是在饲养实践中总结出的合理使用量，而不是理论值。

饲料添加剂一般混于干粉饲料载体中，短期储存待用，不得混于加水储存的饲料或发酵过程中的饲料内，更不能与饲料一起煮沸使用。常用的饲料载体有粗玉米粉、细玉米粉、脱脂米糠、大豆饼粉、石粉等。载体的含水量一般应低于 10%，越低越好。稀释剂是指与高浓度组分混合以降低其浓度的可饲物质，常用的有熟大豆粉、胚玉米粉、磷酸氢钙、膨润土、贝壳粉、石灰石粉等。一般要求稀释剂的粒度在 200 ～ 300 目，形状和大小比较整齐一致。通常当预混合饲料中添加剂原料的容量差别很大时，则应考虑选用稀释剂。必须注意，当添加剂原料在预混合饲料中占的比例很高时，容易产生明显的分离作用，需要同时采取其他适当措施。

2. 搅拌均匀

由于饲料添加剂添加到日粮中的量很微小，所以，使用时一定要注意搅拌均匀。当把微量的添加剂直接混合于大量的饲料中时往往不能达到均匀的程度，会影响动物的有效利用。应先将添加剂混于少量的饲料中，逐级扩大，搅拌均匀。即先进行预混合，然后再把预混合饲料充分拌于一定量的饲料中。

3. 防止引起中毒

目前给畜禽规定的各种饲料添加剂的添加量都是大致的需要量，若超过需要量过多，就可能引起中毒，产生生理障碍。例如，幼龄猪每千克饲料仅需 500mg 锌，超过需要量的 40 倍时，就会减重，出现关节炎、大出血和胃炎等症状。

4. 配伍、禁忌

使用饲料添加剂应注意它们之间的协同与对抗关系。比如说矿物质添加剂最好不与维生素添加剂配在一起，因为它会使一些维生素氧化。因此，了解它们之间的配伍与禁忌十分重要。

此外，饲料添加剂应保存在干燥、低温和避光处，以免氧化、受潮而失效，尤其是维生素。

总之，各类饲料添加剂的选用不仅要符合安全、经济和使用方便的要求，在使用前还应考虑添加剂的效价（质量）和有效期，而且还必须注意其限用、禁用、用量、用法与配伍、禁忌等具体规定，做到心中有数。

三、兽药

兽药是用于畜禽疾病的预防治疗和诊断的药物，以及加入饲料中的药物添加剂。包括兽用生物制品、兽用药品（化学药品、中药、抗生素、生化药品、放射性药品）。兽药具有规定的用途、用法和用量。

发达国家十分重视兽药残留问题，颁布了一系列畜产品兽药管理法规和兽药残留限量标准，明确规定了畜产品中兽药残留的最高残留限量，超标的畜产品严禁投放市场。对青霉素、链霉素、四环素、氯霉素、磺胺类等均有严格的药残限制，甚至完全不准使用。目前，欧盟仍允许使用的饲料级抗生素仅存莫能霉素、盐霉素、黄霉素和卑霉素。1977 年，美国 FDA 决定限制青霉素、金霉素和土霉素作为饲料添加剂。美、英、法、

日、瑞士和俄罗斯等国家还生产了一些畜禽专用的抗生素，如弗吉尼亚霉素、越霉素 A、潮霉素 B、莫能菌素、盐霉素等。

我国于 20 世纪 80 年代后期，开始启动畜产品中兽药残留监控工作。1994 年国务院办公厅在关于加强农药、兽药管理的通知中明确提出开展兽药残留监控工作。之后，农业部陆续制定出最高残留限量标准和检测方法，兽药残留监控工作得到重视和加强。农业部也设立了兽药残留监控工作机构，成立了全国兽药残留专家委员会。在无公害畜产品生产体系中，兽药作为农业投入品，其质量安全受到高度重视。通过规定兽药质量要求，开列允许使用兽药名录，制定用药规定（用药对象、使用剂量、疗程、给药方式、用药途径以及休药期等），禁止使用违禁药物和未被批准的药物，来保证用药安全和防范兽药残留。

（一）兽药准用规定

畜禽生产中所使用的兽药主要有抗菌药、抗寄生虫药、疫苗、消毒防腐药和饲料药物添加剂。任何滥用兽药的行为都会遭受严重后果。无公害畜产品生产中特别要求正确使用兽药，防止兽药残留给人带来危害，为此专门制定了兽药使用准则。

禁用药物：禁用有致癌、致突变作用的兽药。禁止使用未经国家畜牧兽医行政管理部门批准作为兽药饲料药物添加剂的药物及用基因工程方法生产的兽药。在奶牛饲料中禁用影响奶牛生殖的激素类药，具有雌激素样作用的物质，如玉米赤霉醇等。禁用麻醉药、镇痛药、中枢兴奋药、化学保定药及骨骼肌松弛药。禁用性激素类、甲状腺素类和镇静剂类违禁药物。

对抗菌药、抗寄生虫药和生殖激素类药开列允许使用名录。未经允许的药物不得使用。

经农业农村部批准的拟肾上腺素药、平喘药、抗胆碱药、肾上腺皮质激素药和解热镇痛药也要慎用。在奶牛饲养中慎用作用于神经系统、循环系统、呼吸系统、内分泌系统的兽药。

兽药要求符合《中华人民共和国兽药典》的规定，所有兽药必须来自具有兽药生产许可证和产品批准文号的生产企业，或者具有进口兽药许可证的供应商，防止伪劣兽药带来药害。要求预防动物疾病的疫苗必须符合《兽用生物制品的质量标准》。

允许使用国家标准中收录的畜禽用中药材和中药成方制剂，允许使用经国家兽药管理部门批准的微生态制剂。

（二）提高兽药安全质量的措施

1. 设计高效低毒的化学药品

设计高效低毒的化学药品的目的是防止药物对动物产生直接危害，减少药物在畜禽体中的残留。

2. 对药物进行安全性毒理学评价

为保障动物性食品的安全性，必须对药物（含药物添加剂）和饲料中的各种污染及有害物质进行安全性毒理学评价。主要分为两大类，即一般毒性试验和专门毒性试验。前者包括急性毒性、蓄积毒性、亚急性和慢性毒性试验等；后者包括繁殖试验，致癌、致突变试验，局部刺激试验等。

3. 严格履行兽药管理条例和兽药生产许可证制度

对兽药的生产和使用进行严格管理，制定药物（包括药物添加剂）管理条例，切实做好兽药的具体管理工作。

（三）加强兽药使用管理的措施

1. 休药期和最高残留限量的规定

肉、蛋、乳中药物残留与使用药物的种类、剂量、时间及动物品种、生长期有关。不同的兽药品种在畜禽体内的消除规律不一。如含新霉素饲料（140mg/kg）饲喂 3 周龄肉鸡 14 天，可在肾脏中检出新霉素，而休药 10 天后，则肾脏已检不出药物残留。盐霉素极难溶于水，在鸡体内很快被排泄，宰前停药 1 天即无残留。为了保证畜牧业的健康发展和畜产品的安全性，兽药使用准则中规定了用于预防治疗的抗菌药、抗寄生虫

药和奶牛用生殖激素类药的兽药品种、给药途径、使用剂量、疗程休药期及注意事项。

休药期也叫消除期，是指畜禽停止给药到许可屠宰或其产品许可上市的间隔时间。休药期的规定目的是减少或避免供人食用的畜产品中残留药物超标。在休药期间，动物组织或产品中存在的具有毒理学意义的残留可逐渐消除，直至达到安全浓度，即低于允许残留量。休药期随动物种属、药物种类、制剂形式、用药剂量及给药途径等不同而有差异，可以从数小时到数周，这与药物在动物体内的消除率和残留量有关。

蛋鸡和奶牛在饲养期间用药，应该考虑到药物在其产品（蛋、奶）中的残留，所以规定了弃蛋期和奶废弃期。弃蛋期是指蛋鸡从停止给药到所产的蛋许可上市的间隔时间。奶废弃期是指奶牛从停止给药到它们所产的奶许可上市的间隔时间。对于准许使用兽药名录中未规定休药期的品种，应遵守肉不少于 28 天，奶废弃期不少于 7 天的规定。

我国于 1994 年发布了《动物性食品中兽药最高残留限量（试行）标准》，最高残留限量亦称为允许残留量，它是指允许在食品表面或内部残留药物或化学物质的最高量。具体来说，是指在屠宰以及收获、加工，直到被人消费这一特定时间内，食品中药物或化学物质残留的最高允许量，以 mg/kg 表示。

2. 合理应用抗菌药物和抗寄生虫药物

生产实践中合理应用抗菌药物，对控制动物性食品中药物残留对人体健康的影响甚为重要。应该限制人用抗菌药物或容易产生耐药菌株的抗生素在畜牧业生产上的使用范围，不能任意将这些药物用作饲料药物添加剂。

3. 加强兽药残留的检测和监督

建立有效的兽药残留检测和监督制度，分别从饲料和饲料添加剂、动物宰前尿检及宰后胴体组织检测，发现有违禁药物残留和兽药残留超标的畜产品一律不准销售。

4. 建立兽药使用档案

要按照实施无公害畜禽饲养兽药使用准则的全部过程建立详细记录，包括免疫程序记录：疫苗种类、使用方法、剂量、批号、生产单位；动物治疗记录：发病时间及症状、预防和治疗用药经过、药物种类、使用方法及剂量、治疗时间、疗程、所用药物商品名称、生产单位及药品批号、治疗效果等。

四、食品添加剂

食品添加剂是指为改善食品品质和色、香、味以及为防腐和加工工艺的需要而加入食品中的化学合成或天然物质。食品添加剂对食品的生产加工、贮存有益，但也必须指出，食品添加剂毕竟不是天然成分，在规定的剂量范围内使用对人无害，假如无限制地使用，也可能引起各种形式的毒性表现。因此，必须对食品添加剂进行严格的卫生管理，发挥其有利作用，防止其不利影响。

随着食品工业的发展，食品添加剂的种类和数量越来越多，我国于1977年制定了食品添加剂使用卫生标准和食品添加剂卫生管理办法，此后又予以修订。食品添加剂及其使用应符合下列一般要求：

（1）食品添加剂本身原则上经过规定的《食品安全卫生毒理学评价程序》证明在使用限量范围内对人无害，也不应含有其他有毒杂质；对食品营养成分不应有破坏作用。

（2）食品添加剂进入人体后，最好能参加人体正常的物质代谢，或能被正常解毒过程解毒后全部排出体外；或因不能被消化道吸收而全部排出体外。

（3）食品添加剂在达到一定加工目的后，最好能在以后的加工、烹调过程被破坏或排出，使之不能摄入人体，则更安全。

（4）食品添加剂应有质量标准，有害杂质不能超过允许限量。

（5）不得使用食品添加剂来掩盖食品的缺陷或作为伪造的手段。

（一）食品添加剂的分类

目前我国使用的食品添加剂按来源来分为天然和人工合成两大类。按用途来分可分为 20 类，分类如下。

1. 酸调节剂

为增强食品中酸味和调整食品的 pH 值或具有缓冲作用的酸、碱、盐类物质的总称，如柠檬酸、苹果酸、氢氧化钠、柠檬酸钾等。

2. 抗结剂

添加到干颗粒、粉末状食品中防止结块、成团、聚集，保持松散的物质，如亚铁氰化钾等。

3. 消泡剂

在食品加工过程中降低表面张力、消除泡沫的物质，如乳化硅油、DSA 等。

4. 抗氧化剂

为防止、延缓油脂或食品的褐变、褪色及被氧化分解的物质，如 BHA、BHT、茶多酚等。

5. 漂白剂

使食品有色物质经化学作用而褪色，包括还原性漂白剂或颜色吸附剂的总称，如二氧化硫、亚硫酸氢钠。

6. 膨松剂

食品加工过程中加入的能使基质发起，使制品具疏松特点的化学物质，如碳酸氢铵、硫酸铝钾等。

7. 胶姆糖基础剂

赋予胶姆糖增塑、耐咀嚼等作用的一类物质，如聚乙酸乙烯酯。

8. 着色剂

使食品着色的物质，包括天然和合成的色素。

9. 发色剂

使肉与肉制品呈现良好色泽的非色素物质，如硝酸钠、亚硝酸钠。

10. 乳化剂

食品加工工艺中使油和水形成乳浊液的表面张力物质，如吐温60。

11. 酶制剂

由生物中提取的具有催化作用的活性物质，如木瓜蛋白酶、果胶酶。

12. 增味剂

用于补充、增强或改进食品原有的口味或滋味的物质，如谷氨酸钠。

13. 面粉处理剂

在面粉加工过程中加入的使面粉漂白或改进焙烤食品质量的物质，如溴酸钾、过氧化苯甲酰。

14. 被膜剂

为涂抹食品表面达到上光、保鲜、防止水分蒸发的物质，如紫胶、石蜡等。

15. 水分保持剂

指用于肉类和水产品加工中增强水分稳定性和有较高持水性的磷酸盐类，如三聚磷酸钠、六偏磷酸钠。

16. 营养强化剂

指为增强营养成分而加入食用中的天然的或者人工合成的属于天然营养素范围的食品添加剂，如乳酸亚铁、葡萄糖酸锌。

17. 防腐剂

为防止食品腐败、变质，延长食品保存期，抑制食品中微生物繁殖的物质，如苯甲酸、山梨酸钾。

18. 稳定剂

使食品结构稳定或使食品组织结构不变，增强黏性固形物的物质，如硫酸钙。

19. 甜味剂

加入食品中呈现甜味的天然和合成物质，列入食品或只有法规规定的除外，如麦芽糖醇、甘草等。

20. 其他

（1）食用香料。为增强食品感官性状，使食品呈香或增香的物质。包括天然和人工合成物质。

（2）食用香精。用两种或两种以上的香料调配的呈香或增香物质。

（3）加工助剂。在食品加工和原料处理过程中，为达到某种技术要求而加入的物质，该物质不成为食品的成分，最终加工和处理应能除去或仅有残留。

（二）食品添加剂卫生管理的法律规定

我国食品卫生法（1995 年颁布）对食品添加剂的卫生管理做了严格规定。我国食品添加剂管理采用指定原则，即食品添加剂的使用必须按食品卫生法规定,食品中使用的品种必须符合《食品添加剂使用卫生标准》的规定，未经规定的品种不得使用，使用中应按规定的品种和不同食品中规定的量使用，超过用量是违法的。

食品卫生法还规定：食品添加剂的产品标识和产品说明书上需要分别按照规定标明品名、产地、厂名、生产日期、批号或者代号、规格、配方或者主要成分、保质期和使用方法等。食品添加剂的产品说明书，不得有夸大或者虚假的宣传内容。

对食品添加剂的使用目的规定为：不得以掩盖食品腐败变质或仿造、掺伪、掺假为目的而使用食品添加剂，不得使用污染中变质的食品添加剂，使用食品添加剂不得有夸大或虚伪的宣传内容。

对于婴幼儿主辅食品而言，除按规定可加入营养强化剂外，不得加入人工甜味剂、色素、香精、谷氨酸钠及不适宜的添加剂。

对于进口的食品添加剂必须符合《食品添加剂使用卫生标准》和国家、行业质量标准。

（三）常用的食品添加剂

1. 防腐剂

防腐剂是一类对微生物具有杀灭、抑制生长作用的食品添加剂。常用的防腐剂一般可分为有机化学防腐剂和无机化学防腐剂两大类。苯甲酸及其钠盐、山梨酸及其钾盐、羟苯乙酯（尼泊金乙酯）和对羟基苯甲酸丙酯（尼泊金丙酯）都是有机化学防腐剂；而二氧化硫、焦硫酸盐等则是无机化学防腐剂

（1）苯甲酸及其钠盐。苯甲酸又名安息香酸，防腐效果较好，对人体也安全无害。

由于苯甲酸在水中的溶解度较低，故多使用其钠盐。苯甲酸钠为白色结晶，易溶于水和乙醇。

在酸性环境中，苯甲酸对多种微生物有明显的抑菌作用，但对产酸菌作用较弱；在 pH 值 5.5 以上时，对很多霉菌及酵母的效果也较差。苯甲酸抑菌作用的最适 pH 值为 2.5 ～ 4.0，一般以在 pH 值为 4.5 ～ 5.5 为宜；苯甲酸抑菌的机制是它的分子能抑制微生物细胞呼吸酶系统的活性，特别对乙酰辅酶 A 缩合反应具有强的抑制作用。

苯甲酸进入机体后，在生物转化过程中，与甘氨酸结合形成马尿酸或与葡萄糖醛酸结合形成 1- 苯甲酰葡萄糖醛酸，并全部从尿中排出体外，苯甲酸不在人体蓄积。大鼠的最大无作用剂量（MNL）为每千克体重 500mg。人体每日允许摄入量（ADI）为每千克体重 0 ～ 5mg（以苯甲酸计）。

（2）山梨酸及其钾盐。山梨酸是近年来各国普遍使用的一种较安全的防腐剂，为无色、无臭的针状结晶，易溶于乙醇，但在水中溶解度较低，故多用其钾盐。对霉菌、酵母和需氧细菌均有抑制作用，对厌氧芽孢杆菌与嗜酸乳杆菌几乎无效。

山梨酸防腐作用的适宜 pH 值范围较苯甲酸广，以 pH 值 5 ～ 6 时使用为宜。山梨酸分子能与微生物酶系统中的巯基结合，从而破坏酶活性，达到抑菌目的。

山梨酸是一种不饱和脂肪酸，在体内可直接参加正常脂肪代谢，最

后氧化为二氧化碳和水，因而几乎没有毒性。我国允许使用的食品范围和最大使用量与苯甲酸基本相同。

（3）对羟基苯甲酸酯类（尼泊金酯类）。对羟基苯甲酸酯类是苯甲酸的衍生物，对细菌、霉菌及酵母有广泛的抑菌作用，但对革兰阴性杆菌及乳酸菌作用稍弱。对羟基苯甲酸酯类的抑菌作用一般比苯甲酸强，而且由于是酯类，所以受 pH 影响较小；其抗菌作用在 pH 值 4 ～ 6.5 内几乎没有差别。此类化合物被摄入体内后，代谢途径与苯甲酸基本相同，因而毒性很低。

（4）乳酸链球菌素。乳酸链球菌素为乳酸链球菌属微生物的代谢产物，可用乳酸链球菌发酵提取制得，在乳酸和发酵蔬菜中，有少量天然品存在。乳酸链球菌素是一种由氨基酸组成的类似蛋白质的物质，能在人的消化道中被蛋白水解酶所降解，是一种比较安全的防腐剂。

乳酸链球菌素仅对部分细菌有抑菌作用，对肉毒梭状芽孢杆菌和其他厌氧芽孢菌作用很强。如在罐头制作中应用乳酸链球菌素，可大大降低灭菌温度和时间。但对水果罐头意义不大，因为使水果发酵变质的微生物主要是霉菌和酵母，而乳酸链球菌素对这两类微生物的抑菌效果很弱。

乳酸链球菌素对酪酸杆菌也有抑制作用，对防止干酪腐败很有效。如与山梨酸联合使用，可发挥广谱的作用。

2. 发色剂

常用的发色剂有硝酸钠和亚硝酸钠，加入肉制品中，可使肉色鲜红。

硝酸盐先被亚硝基化菌作用变成亚硝酸盐；亚硝酸盐与肌肉中的乳酸作用，产生游离的亚硝酸；亚硝酸不稳定，特别是在加热时，将分解产生 NO；NO 与肌红蛋白结合，最后形成对热稳定的亚硝基肌红蛋白。这是一种鲜红色化合物，故使肉制品呈鲜红色。

亚硝酸盐除具发色作用外，还有抑制肉毒梭状芽孢杆菌的效力，这也是它在肉制品的保藏过程中所发挥的有益作用。

人若摄入大量亚硝酸钠，可使血红蛋白变成高铁血蛋白，失去输氧能力，引起肠源性青紫症。我国规定硝酸钠和亚硝酸钠只能用于肉类罐头和肉类制品，最大使用量分别为 0.5g/kg 及 0.15g/kg，残留量以亚硝酸钠计，肉类罐头不得超过 0.05g/kg，肉制品不得超过 0.03g/kg。

3. 食用色素

食用色素可分为两大类，即食用天然色素与食用合成色素。前者一般较为安全，后者有些可能具有毒性，但出于后者的成本低廉、色泽鲜艳、着色力强、色调多样，故仍然被广泛应用。

（1）食用天然色素。这是直接来自动植物组织的色素，除藤黄有剧毒不许使用外，其他对人体健康一般无害，我国允许使用并制定有国家标准的有姜黄素、虫胶色素、红花黄色素、叶绿素铜钠盐、红曲米、酱色、胡萝卜素、辣椒红素及甜菜红等。

纯姜黄素为黄色粉末状结晶，不溶于冷水，溶于乙醇和丙二醇，易溶于冰醋酸及碱液。呈碱性时为红褐色，中性、酸性时为黄色。着色性强，特别是对于蛋白质。

红曲米是我国传统的天然红色色素之一，是将紫红曲霉接种在米上培养而成，主要供制造叉烧肉、红色灌肠和红腐乳以及某些配制酒时染色之用。所产生的红曲色素有 6 种不同的成分，其中包括红色色素、黄色色素和紫色色素各 2 种。但实际应用的主要成分是两种醇溶性的红色色素，即红斑素和红曲素。

红曲色素具有下列特点：对 pH 稳定，耐光、耐热性强，不受金属离子的影响，几乎不受氧化还原的影响，对蛋白质的着色力强。毒性试验证明安全无害。

酱色即焦糖色，是我国传统使用的天然色素之一，为红褐色或黑褐色的膏状物质，亦有制成固体者。焦糖溶液是把蔗糖、葡萄糖或麦芽糖浆在 160 ～ 180℃的高温下加热 3h，使之焦糖化，然后用碱中和制得。

（2）食用合成色素。食用合成色素系以煤焦油为原料制成的，故通称煤焦色或苯胺色素。这类色素多数对人有害，故应严格管理，谨慎使用。

许多食用合成色素除本身或其代谢产物具有毒性外，在生产过程中

还可能混入重金属，色素中还可能混入一些有毒的中间产物，因此，必须对食用色素（主要是合成色素）进行严格的卫生管理，主要应严格规定食用色素的种类、纯度、规格、用量以及允许使用的食品等。

我国允许使用的食用合成色素有苋菜红、胭脂红、柠檬黄、靛蓝、日落黄及亮蓝 6 种，最大使用量前 2 种为 0.05g/kg，其次 3 种为 0.lg/kg，最后 1 种为 0.025g/kg。

4. 乳化剂

用于改善乳化体各种构成相之间的表面张力，从而提高其稳定性的食品添加剂称为乳化剂。乳化体内含极性很大的一相是水，亦含极性很小的油相。乳化剂分子内既有亲水基团，又有亲油基团。

亲水性强的乳化剂，能改善油在乳化体内的分散相，使水均匀包围在油粒周围，成为水包油型乳化体（油 / 水，O/W），这类乳化剂为水溶性乳化剂；反之，能使水均匀分散在油里，形成油包水（水 / 油，W/O）型乳化体的乳化剂，为油溶性乳化剂。

（1）蔗糖脂肪酸酯。为蔗糖与食用脂肪酸的酯类，通常由单酯和二酯混合物组成。蔗糖上 8 个 -OH 亲水基，可接 1 ～ 8 个脂肪酸；脂肪酸的碳链部分为亲油基。单酯含量高则亲水性强，反之则亲油性强。故调节单酯与多酯比例，可产生不同亲水、亲油值的系列蔗糖酯。

蔗糖单酯亲水、亲油值为 10 ～ 16，亲水性强；二酯为 7 ～ 10；三酯为 3 ～ 7，亲水、亲油值越低亲油性越强。

（2）酪朊酸钠。为白色至淡黄色粉末、颗粒或片状，无臭、无味或稍有特异香味；易溶于水，水溶液加酸可产生酪蛋白沉淀；pH 中性。本品为水溶性，具有稳定、强化蛋白质，增黏、黏结、发泡等作用。

使用时注意避免加酸，以免引起酪蛋白沉淀，生产中本品可使肉制品、罐头中脂肪分布均匀，增加肉的黏结性，参考用量为 0.2% ～ 0.5%；椰子汁参考用量为 0.2% ～ 0.3%。本品中的酪蛋白为完全蛋白质，可制成高蛋白食品，供老年人、婴幼儿或糖尿病人食用。

（3）山梨醇酐单硬脂酸酯（斯潘 60）。为浅奶白色至浅黄色硬质蜡状固体，味柔和但有特殊臭味；溶于油，不溶于冷水，但可分散于热水中；凝固温度 49 ～ 50℃；熔点 51℃；相对密度 0.98 ～ 1.03。该品对酸、碱稳定。

使用中可单独使用，亦可与吐温 60、吐温 65、吐温 80 混用，在人造奶油及牛奶中，参考用量为 0.3%。麦乳精中可作分散剂。

5. 磷酸盐类

磷酸盐类包括正磷酸及其盐类、焦磷酸及其盐类、偏磷酸及其盐类、聚磷酸及其盐类和淀粉磷酸钠 5 类。焦磷酸由正磷酸于 210℃失水 1h 而得，为多磷酸。偏磷酸盐是由 NaH_2PO_4 加热 620℃后快速冷却而形成的有 30 ～ 90 个 PO_3 的集团分子，为六偏磷酸钠。聚磷酸是由正磷酸失去水缩合而成。磷酸盐类添加剂能增加肌肉和水的结合，调节肌肉 pH，使肌球蛋白分离而增加持水性，从而提高肉制品的持水性使肉质鲜嫩，改良品质，提高成品率。它可与铜、铁、锰及碱土金属离子络合起到稳定和螯合作用。磷酸盐作为添加剂可用于肉制品，最大使用量为 1g/kg（以磷酸根计）。

第三章　畜产品安全生产技术

第一节　安全畜产品产地的环境监测技术

安全畜产品产地的环境监测是畜禽场环境保护的基础，是安全畜产品生产的前提条件。它是指用可以比较的环境信息和资料收集的方法，对一种或多种环境要素或指标进行间断或连续的观察、测定，分析其变化对环境影响的过程。根据环境监测的数据，再按照一定的评价标准和评价方法，对畜禽的健康和生产状况进行对比检查，进行环境质量评价，可以确切了解畜牧场环境状况，确保畜禽产品安全。

一、水质监测

水质监测包括对畜牧场水源的监测和对畜牧场周围水体污染状况的监测。

（一）监测项目

水质的监测项目包括物理指标和一般化学指标、微生物指标、毒理指标等，主要有水温、pH 值、生化需氧量、化学耗氧量、悬浮物、氨氮、总磷、总硬度、铅、砷、铜、硒、细菌总数、总大肠菌群、蛔虫卵等的监测。一般情况下，细菌学指标和感官性状指标列为必检项目，其他指标可根据当地水质情况和需要选定。

（二）监测点（采样位置）的确定

在对调查研究结果和有关资料进行综合分析的基础上，监测点的选取应具代表性、合理性和科学性，即能较真实、全面地反映水质及污染物的空间分布和变化规律；应根据监测目的和监测项目，并考虑人力、物力等因素确定监测断面和采样点。设置畜禽养殖场水质监测点时要兼顾污染物的排放总量的监测和养殖场废弃物对当地水环境的影响，通常在附近的饮用水源、排污口、纳污水体、地下水井等处布设监测点位。

（三）监测时间和频率

畜禽场水源水质监测应根据水源种类、水质情况等确定具体监测。若畜禽场水源为深层地下水，因其水质比较稳定，一年测 1 ～ 2 次即可；若是河流等地面水，每季或每月应定时监测一次。

针对畜牧场环境管理进行的监督性监测，应根据要求或需要确定监测时间和频率。一般地方环境监测站对畜禽养殖企业的监督性监测每年至少一次；如被国家或地方环境保护行政主管部门列为年度监测的重点排污单位，应增加到每年 2 ～ 4 次。如果是畜禽场进行自我监测，则按生产周期和生产特点确定监测频率，一般每周 1 次。畜禽场若有污水处理设施并能正常运转使污水能稳定排放，监督监测可采瞬时样。对于排放流量有明显变化的污水，要根据排放情况分时间单元采样再组成混合样品。

二、土壤监测

（一）监测项目与监测频次

土壤监测项目分常规项目、特定项目和选测项目。常规项目原则上为 GB 15618—2018《土壤环境质量标准》中所要求控制的污染物，特定项目为 GB 15618—2018《土壤环境质量标准》中未要求控制的污染物。根据当地环境污染状况，确认在土壤中积累较多、对环境危害较大、影响范围广、毒性较强的污染物或者污染事故对土壤环境造成严重不良影

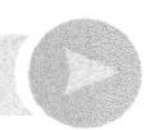

响的物质，具体项目由各地自行确定。选测项目一般包括新纳入的在土壤中积累较少的污染物、由于环境污染导致土壤性状发生改变的土壤性状指标以及生态环境指标等，由各地自行选择测定。

（二）监测点（采样位置）的确定

土壤监测点布设，必须以能代表整个场区为原则，在可能造成污染的方位和地块布点。大气污染型土壤监测和固体废物堆污染型土壤监测以污染源为中心放射状布点，在主导风向和地表水的径流方向适当增加采样点（离污染源的距离远于其他点）；灌溉水污染监测、农用固体废物污染型土壤监测和农用化学物质污染型土壤监测单元采用均匀布点；灌溉水污染监测采用按水流方向带状布点，采样点自纳污口起由密渐疏；综合污染型土壤监测单元布点采用综合放射状、均匀、带状布点法。

三、空气质量监测

（一）监测项目

监测项目包括畜禽舍的温热环境（气温、气湿、气流、畜禽舍通风换气量）、光环境（畜禽舍光照强度、光照时间、采光系数）、空气卫生指标。空气卫生监测主要是对畜禽场空气中污染物质和可能存在的大气污染物进行监测，主要以恶臭、氨、硫化氢、二氧化碳、二氧化硫、二氧化氮、细菌总数为主，若为无窗畜禽舍或饲料间，还需测粉尘、噪声等。

（二）监测时间和频率

1. 经常性监测

常年在固定测点设置仪器，供管理人员随时监测。旨在随时了解家畜环境基本因子的状况，及时掌握其变化情况，以便于及时调整管理措施。如在畜舍内设置干湿球温度表，随时观察畜舍的空气温度、湿度。

2. 定期定点监测

全年中每月或每旬或每季各进行一次监测。测定之日全天间隔一定时间观测及采样 3 ～ 4 次，观测及采样时间应包括全天空气环境状况最清新、中等及最污浊时刻。

3. 临时性监测

根据畜禽健康状况或环境中污染物剧增时进行测定。如当寒流、热浪突然袭击时，当呼吸道疾病发病率升高或大规模清粪时需要进行这种短时间的临时性测定，以确定污染危害程度。

（三）监测方法

首先须调查研究，应了解畜禽舍的类型、使用情况、畜群管理方式、畜禽头数以及其生产性能、健康状况等；其次要在舍内外选择能代表环境状况的位点，最后进行监测。

畜禽舍温热环境的监测方法：温度、湿度的测定，一般采用温度计、温湿度表等仪器测定。应在舍内选择多个测点，可均匀分布或沿对角线交叉分布。观测点的高度原则上应与畜禽的呼吸带等高。按常规要求以一天中的 4 次观测的平均值为平均温度和平均湿度值。如果 2：00 测定有困难则可以 8：00 的观测值代替。即将 8：00 的观测值计算两次。旬、月、年的平均温度可根据日平均温度推算。

气流速度测定可用微风速仪等仪器测定，测点应根据测定目的，选择有代表性的位置，如通风口处、门窗附近、畜床附近等。

畜舍空气中有害物质的检测方法一般可采用化学分析、生物学检测或直接使用仪器仪表测定。进行气体采样时，应根据大气污染物的存在状态、浓度、物理化学性质及分析方法的灵敏度不同，选用不同的采样方法和采样仪器，当大气污染物浓度较高，或分析方法较灵敏，用少量气样就可以满足监测分析要求时，用直接采样法，常用的采样仪器有注射器、塑料袋、采样管等；当大气中被测物质浓度很低，或所用分析方法灵敏度不高时，需用富集采样法对大气中的污染物进行浓缩。富集采样的时间一般都比较长，测得结果是在采样时段内的平均浓度。富集采样法有溶液吸收法、固态阻留法、自然沉降法等。

第二节　安全畜产品污染控制技术

一、畜产品微生物污染的途径

（一）通过水污染

在畜产品生产中，原料、加工设备、刀具、容器等的清洗，车间墙壁地面的保洁都需要大量的水。如果水中微生物超标，就会通过设备、刀具和容器间接污染畜产品。

（二）通道空气污染

空气中尘埃越多，含菌量越多，高的有时可达 10^6 个 /cm^3。肉、乳、蛋长期暴露在空气中，空气中的微生物就会降落到其表面，造成污染。

（三）通过泥土污染

泥土污染在蛋品和乳品中很常见。表层泥土中的细菌含量为（10^7 ～ 10^9）个 /g。

（四）通过人污染

从业人员的不良卫生习惯，如工作衣帽不整洁、手不干净，在加工过程中也容易造成污染。

（五）通过用具污染

在屠宰、加工过程中使用的各种用具（分装容器、刀具、操作台等）也是畜产品微生物污染的重要来源。

二、微生物污染的控制技术

（一）紫外线杀菌消毒技术

紫外线杀菌的应用始于 1901 年，经过不断创新和改进，现已在食品工业、电子工业、制药工业等领域得到了广泛的应用。

1. 杀菌原理

波长为 170 ～ 490nm 的光线具有杀菌能力，其中以 260nm 的光线杀菌效果最好。其杀菌原理是:微生物细胞内的大分子物质(蛋白质、核酸等)吸收紫外光后变性，失去生物活性，导致微生物死亡。

此外，紫外线还可通过产生一定浓度的臭氧和空气负离子达到杀菌目的。

2. 杀菌特点

（1）杀菌范围广，对细菌、霉菌、酵母菌及病毒等均有效。

（2）无残留。

（3）经过处理的微生物不产生抗性。

（4）杀菌时间短，一般数十秒内即对微生物有一定的杀灭作用，且操作简单、成本低。

（5）杀菌作用仅限于照射过程，无余效。

（6）最适合于水、空气的杀菌。

3. 影响杀菌效果的因素

虽然紫外线对所有的微生物都有杀灭效果，但因微生物种类、微生物浓度等不同，杀菌效果存在很大差异。

（二）臭氧杀菌消毒技术

臭氧是一种不稳定气体，有刺激性腥味；相对密度 1.71（–183℃），沸点为 –112℃，熔点为 –251℃；化学性质极活泼，易爆炸，在高温下可迅速分解成氧气，常温下分解缓慢，是一种强氧化剂，具有强烈的杀菌作用。

1. 杀菌原理

臭氧和微生物细胞接触后可快速扩散并渗透到其细胞壁内，其强烈的氧化作用使细胞内蛋白质变性，使细胞内的参与各种生理活动的蛋白酶失活，微生物正常的生理代谢失调，最终死亡。

2. 臭氧杀菌技术的特点

与常见的高温杀菌、紫外线杀菌、化学药剂杀菌等相比，臭氧杀菌具有如下特点。

（1）广谱性。臭氧不仅可杀死大肠杆菌、金黄色葡萄球菌、沙门菌等食品工业常见的污染菌，而且对细菌芽孢也有较好的杀菌效果。

（2）速度快。试验表明，当消毒剂浓度为 0.3mg/L 时，欲达到杀死 99% 微生物的效果，用二氧化氯需 6 ～ 7min，用碘需 100min，而用臭氧只需 1min。当消毒剂浓度为 0.9mg/L 时，欲杀死 99.99% 大肠杆菌，用臭氧只需 0.5min，而用二氧化氯需 4.9min。同时用臭氧和紫外线对空气进行消毒，臭氧 10min 可杀死空气中 85% 的微生物，而紫外线杀菌效果为 30%。

（3）无残留。臭氧是一种不稳定的气体，极易自行分解成氧，无任何残留，无任何新的物质生成，不会造成二次污染，是一种洁净的消毒剂。

（4）无消毒死角。用高锰酸钾、漂白粉等化学消毒剂和紫外线消毒容易造成消毒死角，但用臭氧消毒不会出现消毒死角。臭氧在常温下是一种气体，易扩散流动，对所有空气接触到的地方都可起到很好的消毒效果。

（5）可脱臭、除味。臭氧通过强氧化作用使空气中的异味物质氧化，使空气变得清新。

（6）使用方便。臭氧消毒比其他消毒方法更加方便，且安全可靠。

3. 臭氧杀菌的影响因素

臭氧杀菌的效果主要受其浓度、微生物种类、作用时间、温度、pH 值、基质的理化性质等因素影响。

（1）微生物种类。臭氧对常见的腐败菌和致病菌（金黄色葡萄球菌、大肠杆菌、沙门菌等）具有很强的杀灭性，而对霉菌孢子和细菌芽孢杀菌效果稍差，需增加臭氧浓度和延长杀菌时间才能达到理想效果。

（2）温度、湿度。一般来说，空气温度低、湿度大，杀菌效果好。当空气相对湿度小于45%时，臭氧对空气中的悬浮物几乎没有杀灭性，在同样温度下，相对湿度超过60%时，杀灭效果逐渐增强，在相对湿度为90%时，灭菌效果最佳。

（3）臭氧的浓度。臭氧浓度低于0.2mg/m^{3}时，几乎没有杀菌作用。

4. 臭氧的产生方式

目前，食品工业中所使用的臭氧发生器主要有两种：一种是以空气为气源，空气经压缩、冷凝、过滤、干燥等预处理净化后，置入高压放电管，在高压放电环境中，空气中部分氧分子激发分解成氧原子，氧原子与氧原子（氧原子与氧分子）结合生成臭氧。该法的主要缺点是噪声大。另一种是以纯氧作气源，经硅胶干燥后进入放电管中，产生臭氧气体。氧气源发生器产生的臭氧浓度高、纯净、无噪声，并能克服空气源发生器使用一段时间后易使处理水产生异味的缺点。此法缺点是需要经常更换氧气钢瓶。

5. 臭氧杀菌技术在畜产品工业中的应用

（1）空气消毒。臭氧可用来对畜禽屠宰加工车间、分割车间、包装车间、乳品和蛋品加工车间进行消毒杀菌。臭氧浓度一般为0.5～10mg/kg，空气中80%的自然微生物可被杀死，同时可去除空气的异味，使空气洁净无菌。臭氧还可用于畜禽肉、乳品及蛋品冷藏冷冻库的杀菌消毒、除味。冷库的生物污染主要是霉菌，在低温条件下可以存活，霉菌孢子对消毒剂有较强的耐受力，因此，臭氧浓度需达到12mg/kg，作用时间延长至3～4h，方可杀死霉菌孢子。用臭氧进行冷库除味，短时间即可奏效。此外，臭氧还可用于工作服的消毒。

（2）生产用水消毒。畜禽屠宰加工、肉制品、乳制品和蛋制品加工时需要大量的洁净水，对水的要求较高。臭氧对生产用水具有非常独特的作用，只需将臭氧溶于水，即可对水进行消毒，利用臭氧水进行洗涤

可达到各种消毒、杀菌的目的。在此方面，可结合生产用水的消毒、净化、灭菌以及食品保存、防腐等方面的需求来考虑，优化设计食品生产机械。

6. 应用臭氧技术的安全性

（1）对人的影响。臭氧杀菌消毒过程中，人员应远离现场。残余臭氧对人的影响较小。

（2）对食品的影响。臭氧杀菌浓度为 mg/kg 级，作用于食品表面只产生极微弱的氧化作用，不足以影响食品内在物质变化，由于臭氧极易分解，在空气中的半衰期为 20 ～ 50min，在食品表面也不产生残留。

（3）对设备的影响。虽然臭氧是强氧化剂，但其消毒杀菌时所用浓度相对较低，对设备不足以造成明显损害。实践证明，应用臭氧多年的加工车间、冷库，均未发现设备装置明显受损的情况。

（三）过氧乙酸杀菌消毒技术

过氧乙酸是屠宰厂、乳品厂、蛋制品加工厂常用的消毒药，具有高效、速效、广谱、低毒等优点。其使用范围极广，能杀死一切微生物，包括细菌繁殖体、细菌芽孢、结核杆菌、真菌、病毒等，低温下也有杀菌和抗芽孢作用。

1. 理化性质

过氧乙酸为强氧化剂，无色透明液体，具有很强的乙酸臭味，易溶于水、乙醇和硫酸，性质不稳定，易挥发，有腐蚀性。当受热、遇有机物或杂质时容易分解，急剧分解时可发生爆炸，但浓度在 20% 以下时，在室温贮存不易爆炸。

2. 杀菌机制

过氧乙酸遇有机物或酶即放出初生态氧。这种初生态氧通过两种途径来实现杀菌作用，一是使微生物细胞蛋白质变性、凝固；二是通过氧化还原反应损害酶蛋白的活性基团，抑制酶的活性；或因化学结构与代谢产物相似，竞争或非竞争地同酶结合而抑制酶的活性。

3. 过氧乙酸消毒效果的影响因素

（1）浓度。消毒时间相同，药物浓度高的消毒效果好。0.5g/m³ 与 0.3g/m³ 的过氧乙酸，灭菌率分别为 80.1% 和 67.5%。

（2）时间。药物浓度相同，消毒时间长的效果好。药物浓度均为 0.3g/m³，消毒 12h 的效果明显优于 4h，其灭菌率分别为 82.8% 和 67.5%；消毒时间为 12h，药物浓度为 0.3g/m³ 和 0.1g/m³，均可取得满意的消毒效果。

4. 过氧乙酸在畜产品工业上的应用

（1）浸泡消毒。使用浓度为 0.04% ～ 0.2%。用于工作人员手臂消毒，也可用于耐腐蚀的金属容器、蛋类的消毒。

（2）喷雾消毒。使用浓度为 0.05% ～ 0.5%。用于生产车间或冷库的地面、墙面的喷雾消毒。

（3）熏蒸消毒。使用浓度 3% ～ 5%。用于生产车间等空间的消毒。

（4）喷洒消毒。使用浓度 0.5%。用于车间空气和墙壁、地面、门窗、笼具和运输工具等表面的消毒。

5. 过氧乙酸消毒的注意事项

过氧乙酸对金属设备、有色衣服、皮肤有腐蚀性和漂白作用。因此，使用过程中应注意避免造成设备损坏和人身伤害。过氧乙酸性质不稳定，容易自然分解，因此成品应密闭避光保存。消毒液最好现配现用，一般配制后使用不可超过 3d。增加湿度可增强过氧乙酸的杀菌效果。当温度为 15℃时，以 60% ～ 80% 的相对湿度为宜；若温度为 0 ～ 5℃时，相对湿度至少为 90%。

（四）二氧化氯杀菌消毒技术

二氧化氯是目前国际上公认的高效、安全的杀菌保鲜剂，是氯制剂最理想的替代品，在发达国家中已得到了广泛的应用。美国的环境保护局、食品药物管理局、美国农业部均批准和推荐二氧化氯用于食品加工、制药、医院及公共环境等方面的卫生消毒和食品的防霉、防腐、保鲜等。世界卫生组织（WHO）也已将二氧化氯列为 A1 级安全高效消毒剂。近年来，

我国也开始重视二氧化氯产品的推广和应用。国家卫生健康委员会已批准二氧化氯为消毒剂和新型食品添加剂。

1. 理化性质

二氧化氯在常温下是一种黄绿色、有刺激性气味的气体，熔点 -59℃，沸点 11℃，在 100℃爆炸分解，易溶于水，溶解度约为 2.9g/L（22℃），是氯气的 5 倍，液态二氧化氯相对密度为 1.64。二氧化氯不稳定，受热或遇光分解生成氧和氯，引起爆炸。遇到有机物等能促进氧化作用的物质时也可产生爆炸。二氧化氯水溶液浓度在 6 ～ 10g/L 以下较为安全。二氧化氯不稳定，长期放置或遇热易分解失效。

二氧化氯消毒剂的制法：亚硫酸盐经过酸化作用，产生高纯度的二氧化氯气体，然后将其稳定在惰性溶液中，形成含有效组分二氧化氯 2% 以上的产品，即为二氧化氯消毒剂。

2. 杀菌消毒机制

二氧化氯是通过释放次氯酸分子和新生态氧（氧原子）实现双重强氧化作用的，使微生物细胞内蛋白质变性、酶失活；并能与空气中或各种物质表面上的氨、硫化物、有机物等作用，除去臭味，其残余生成物为水、氯化钠和微量二氧化碳、有机糖等无毒物质。

3. 杀菌特点

（1）杀菌效果好，可以杀死包括芽孢杆菌、结核菌在内的所有微生物；杀菌效果是乳酸的 2 ～ 3 倍，是氯制剂的 5 ～ 10 倍。杀菌效果稳定，消毒浓度易于控制，且受环境条件（pH 值、温度、有机物等）影响小。

（2）使用成本低，消毒液可回收再利用，每配制一次可重复使用 1 ～ 2d；使用成本是乳酸、过氧乙酸消毒剂的 1/4 ～ 1/2。

（3）不会导致操作环境的温度升高，使生产环境的微生物繁殖得到控制。

（4）管路中的储存罐不需要加冰水冷却，减少生产费用、缩短生产时间、提高生产效率。

（5）使用过程中不污染环境，也不会腐蚀设备。

（6）安全性好，本身无毒，在消毒过程中不产生三氯甲烷等有机氯化物；无残留，易冲洗。

4. 二氧化氯消毒剂在畜产品工业中的应用

（1）生产用水的净化处理与消毒。二氧化氯不仅能杀灭水中的微生物、原虫和藻类，同时具有除臭、澄清作用。消毒后不产生有毒的三氯甲烷和其他有害物质，不沉淀水中的铁和锰。天然水中使用量为 2.0mg/L，作用 1min，可杀灭水中的噬菌体，作用 3min 能使细菌总数、大肠菌数达到饮用水或食品加工用水标准。

（2）管路 CIP 系统的消毒。牛奶生产管路 CIP 系统目前以热消毒为主。热消毒后的管路系统及存贮罐需要专门的冷却系统进行冷却，增加了使用成本。在国外热消毒已逐渐被冷消毒所取代。设备管道、贮槽、混合槽等先用水及洗涤剂清洗，再用水冲洗干净，最后用 80mg/kg 的二氧化氯溶液浸泡约 30min，用净水冲洗即达到消毒目的。用 0.1g/100mL 的稳定性二氧化氯对奶牛的乳房、挤奶器、牛奶管道及贮罐（均为不锈钢设备）等进行消毒，其结果与用 1g/100mL 磺酸的消毒效果相当。

（3）空间消毒。二氧化氯消毒剂是目前空气消毒理想的消毒剂，既能杀灭空气中的微生物，又有除臭、清新空气的作用。对各类食品加工生产车间、包装间、罐装间的空间消毒，可采用 200mg/kg 的消毒液对生产车间环境进行喷雾消毒，一般细菌杀灭率可达 99% 以上。国外还将二氧化氯用于牛奶场的消毒。

（4）工器具、容器、生产线等生产设备，工作人员的手和工作服等织物的消毒。目前畜产品加工企业中工器具、容器、生产线等生产设备及工作人员的手和工作服等织物的消毒大都采用次氯酸钠等氯制剂的消毒剂。含氯消毒剂的优点是成本低，使用方便，但有一定的毒性，在消毒过程中还会产生残留物。目前已逐渐被性能、效果和安全性更佳的二氧化氯消毒剂所取代。采用 100mg/kg 的二氧化氯消毒液浸泡手 1min，

可达到消毒目的，而且对皮肤无刺激和损伤。

（5）肉类保鲜。将鲜肉放入60mg/kg的二氧化氯消毒液中，浸泡5～10min，能杀死肉品表面的微生物，延长货架期。

第三节　畜产品安全生产的 GMP 技术规范

一、良好操作规范的概况

GMP 是良好操作规范（Good Manufacturing Practice）的缩写。食品良好操作规范是为保障食品安全和质量而制定的贯穿食品生产过程的一系列措施、方法和技术要求。GMP 要求食品生产企业应具备良好的生产设备、合理的生产过程、完善的质量管理和严格的监测系统，确保终产品的质量符合标准。

GMP 源于药品生产。1945 年以后，人们在经历了数次较大的药物灾难之后，逐步认识到以成品抽样分析检验结果为依据的质量控制方法有一定缺陷，不能保证生产的药品都做到安全并符合质量要求。美国于 1962 年修改了《联邦食品、药品、化妆品法》，将药品质量管理和质量保证的概念提升为法定的要求。美国食品药品管理局（FDA）根据修改法的规定，由美国坦普尔大学 6 位教授编写制定了世界上第一部药品的 GMP，并于 1963 年通过美国国会第一次颁布成法令。1969 年第 22 届世界卫生大会上，世界卫生组织建议各成员国的药品生产采用 GMP 制定，以确保药品质量。

（一）国外食品良好操作规范（GMP）实施状况

GMP 在美国实施已有 30 多年。美国《联邦食品、药品、化妆品法》规定：凡在不卫生条件下或在不符合生产食品条件下生产的食品均视为不卫生、不安全食品。

美国 FDA 于 1969 年制定了《通用食品制造、加工包装及贮存的良好工艺规范》（CGMP），是所有食品企业共同遵守的法规。之后，又陆

续制定了专业食品企业的GMP，如熏制鱼及熏味色炸虾GMP（1970年），低酸性罐头GMP（1973年），巧克力、糕点类及瓶装饮料GMP（1975年），烘焙食品、盐渍或酸渍食品、发酵食品及酸化食品GMP（1976年）等。目前美国强制性执行的GMP仅有CGMP和低酸性罐头GMP两部。

此后，各国受美国药品和食品GMP实施的影响，陆续出台了类似的管理规范。日本先后分别制定了各类食品产品的食品制造流通准则、卫生规范、卫生管理要领等。日本农林水产省所制定的食品制造流通准则有食用植物油、罐头食品、豆腐、杀菌袋装食品等20多种产品的规范。厚生省所制定的卫生规范有鸡肉加工规范、酱油腌菜卫生规范、生鲜西点卫生规范、中央厨房及零售连锁店卫生规范、生面食品类卫生规范等。

加拿大实施GMP有3种情况。

（1）GMP作为食品企业必须遵守的基本要求，如加拿大农业部制定的《肉类食品监督条例》中的有关厂房建筑的规定属于强制性GMP。

（2）行业出版发行GMP准则，鼓励食品生产企业自愿遵守。

（3）国际组织制定的GMP准则，食品企业被推荐采用。

欧盟的食品卫生规范和要求包括6类：对疾病实施控制的规定；对农药、兽药残留实施控制的规定；对食品生产、投放市场的卫生规定；对检验实施控制的规定；对第三国食品准入的控制规定；对出口国当局卫生证书的规定。

国际食品法典委员会（CAC）制定了《食品卫生通则》及30多种食品卫生实施法规，其中内容包括：

（1）适用范围。

（2）定义。

（3）原料要求。

（4）工厂设备及操作。

（5）成批规格。

CAC将这些关于食品企业的生产规范推荐给各会员国政府，供各国制定相应食品法规时参考，同时也将这些规范作为国际食品贸易的准则，用于消除各国食品产品进口的非关税壁垒，促进国家间食品流通。

（二）我国食品企业的 GMP 实施状况

我国食品企业的 GMP 管理和日本的方式相似，采用了食品企业卫生规范。

我国食品企业质量管理规范的制定工作起步于 20 世纪 80 年代中期，国家先后颁布了罐头厂、白酒厂、啤酒厂、乳品厂、肉类加工厂等 17 种食品企业卫生规范。国家商检局也先后制定了《出口畜禽肉及其制品加工企业注册卫生规范》等 9 个专业规范。

制定这些卫生规范的目的主要是针对当时我国大多数食品企业卫生条件和卫生管理比较落后的现况，重点规定厂房、设备、设施的卫生要求和企业的自身卫生管理等内容，借以促进我国食品企业卫生状况的改善。制定这些规范的指导思想与 GMP 的原则类似，即将保证食品卫生质量的重点放在成品出厂前的整个生产过程的各个环节上，而不仅仅着眼于终产品上，针对食品生产全过程提出相应技术要求和质量控制措施，以确保终产品卫生质量合格。

鉴于食品国际贸易的需求，国家商检局于 20 世纪 90 年代开始研究食品企业 GMP，先后为 8 种出口食品制定了 GMP。1998 年，国家卫生部发布了《保健食品良好生产规范》和《膨化食品良好生产规范》，这是我国首批颁布的 GMP 标准。

与以往的卫生规范相比，GMP 最突出的特点是增加了品质管理的内容。在工厂硬件方面，不仅要求具备完善的卫生设施，还要求其他加工设备保持良好的生产条件和状态，以确保产品品质。在对生产过程的要求中，对重点环节制定了具体的量化质量控制指标。此外，还规定了生产和管理记录的处理、成品售后意见处理、成品回收、建立产品档案等新的管理内容。

二、食品企业《食品卫生通则》

国际食品法典委员会（CAC）现已制定有《食品卫生通则》等 41 个

卫生规范，其中包括鲜鱼、冻鱼、贝类、蟹类、龙虾、水果、蔬菜、蛋类、鲜肉、低酸罐头食品、禽肉、饮料、食用油脂等食品生产的卫生规范。

《食品卫生通则》[CAC/RCP1–1969，Rev.3（1997）] 适用于全部食品加工的卫生要求，作为推荐性的标准提供给各国。

《食品卫生通则》包括 10 个部分。

（一）目标

明确可用于整个食品链的必要卫生原则，以达到保证食品安全和适宜消费的目的，推荐采用危害分析与关键控制点体系提高食品的安全性。

（二）范围、使用和定义

范围由最初生产到最终消费者的食品链制定食品生产必要的卫生条件。政府可参考执行以达到确保企业生产食品适于人类食用、保护消费者健康，维护国际食品贸易的信誉。

（三）初级生产

该部分目标是：最初生产的管理应根据食品的用途保证食品的安全性和适宜性。该部分对环境卫生要求进行了规定，最初食品生产加工应避免在有潜在有害物的场所进行。生产采用 HACCP 体系预防危害，为此生产者要避免由空气、泥土、水、饲料、化肥和兽药等的污染，保护不受粪便或其他污染。在搬运、贮藏和运输期间保护食品及配料免受化学、物理及微生物的污染，并注意温度、湿度控制，防止食品变质、腐败。要保证设备清洁和养护工作能有效进行，保持个人卫生。

（四）加工厂

加工厂设计目标是使污染降到最低，设备易于清洁和消毒，与食品接触表面无毒，必要环节配有温度、湿度等控制仪器，防止虫害。

对加工厂选址、厂房和车间（设计与布局、内部结构及装修）、设备（控制与监测设备、废弃物及不可食用物质容器）和设施（供水、排水和废物处理设施，清洁、个人卫生设施和卫生间、温度控制、通风、照明、贮藏等设施）进行了如下规定。

（1）选址远离污染区。

（2）厂房和车间设计布局满足良好食品卫生操作要求。

（3）设备保证在需要时可以进行充分的清理、消毒及养护。

（4）废弃物、不可食用品及危险物容器结构合理、不渗漏、醒目。

（5）供水达到世界卫生组织“饮用水质量指南”标准，供水系统易识别。

（6）排水和废物处理避免污染食品。

（7）清洁设备完善。

（8）配有个人卫生设施，保证个人卫生，保持并避免污染食品。有完善的更衣设施和满足卫生要求的卫生间。

（9）温度控制满足要求。

（10）通风（自然和机械）能保证空气质量。

（11）照明色彩不应产生误导。

（12）贮藏设施设计与建造应可避免害虫侵入，易于清洁，保护食品免受污染。

（五）生产控制

该部分目标是通过对食品危害的控制、卫生控制等措施，生产安全的和适宜人们消费的食品。

（1）食品危害的控制采用 HACCP 体系。

（2）卫生控制体系关键是时间和温度。

（3）为防止微生物交叉感染，原料、未加工食品与即食品要有效地分离、进行加工区域进出的控制，保持人员卫生，保证工器具的清洁消毒等；为防止物理和化学污染，必要时要配备探测仪、扫描仪等。

（4）对外购原料和配料进行安全卫生控制，必要时进行检验验证。

（5）包装设计和材料能为产品提供可靠的保护，以尽量减少污染，并提供适当的标识。

（6）在食品加工和处理中都应采用饮用水。生产蒸汽、消防及其他不与食品直接相关场合用水除外。

（7）管理与监督工作应有效进行。

（8）文件与记录应当保留并超过产品保持期。

（9）建立召回产品程序，以便处理食品安全问题，并在发现问题时能完全、迅速地从市场将该批食品召回。

（六）工厂的养护与卫生

该部分目标是通过建立有效程序达到适当养护和清洁、控制害虫、管理废弃物的目的。该部分包括清洁程序和方法、清洁计划、害虫控制（防止进入、栖身和出没，消除隐患、监测）、废弃物管理等。

（七）工厂的个人卫生

该部分目标是通过保持适当水平的个人清洁及适当的工作方法，保证生产人员不污染食品。

（1）人员健康状况。不应携带通过食品将疾病传给他人的疾病。

（2）患疾病者与受伤者调离食品加工岗位（黄疸，腹泻，呕吐，发热，耳、眼或鼻中有流出物，外伤等）。

（3）个人清洁。应保持良好的个人清洁卫生习惯，在食品处理开始。去卫生间后、接触污染材料后均要洗手。

（4）个人行为。生产时抑制可能导致食品污染的行为，例如，吸烟、吐痰、吃东西、在无保护食品前咳嗽、佩戴饰物进入食品加工区等。

（5）参观者进入食品加工区按食品生产人员要求活动。

（八）运输

该部分的目标是为食品提供一个良好环境，保护食品不受潜在污染危害；不受损伤，有效控制食品病原菌或毒素产生。

运输工具的设计和制造达到以下要求。

（1）不对食品和包装造成污染。

（2）可进行有效消毒。

（3）有效保护食品避免污染。

（4）有效保持食品温度、湿度等。

（九）产品信息和消费者的意识

产品应具有适当的信息以保证。

（1）为食品链中的下一个经营者提供充分、易懂的产品信息，以使他们能够安全、正确地对食品进行处理、贮存、加工、制作和展示。

（2）对同一批或同一宗产品应易于辨认或者必要时易于召回。

（3）消费者应对食品卫生知识有足够的了解，以保护消费者。

（4）认识到产品信息的重要性。

（5）做出适合消费者的明智选择。

（6）通过食品的正确存放、烹饪和使用，防止食品污染和变质，或者防止食品引发性病原菌的残存或繁殖。

（十）培训

该部分的目标是对于从事食品生产与经营，并直接或间接与食品接触的人员应进行食品卫生知识培训和（或者）指导，以使他们达到其职责范围内的食品卫生标准要求。

三、良好操作规范（GMP）的实施

在安全畜产品生产过程中实施 GMP 管理，其目的是：提高产品的质量和保证无公害畜产品的安全性；保障消费者和生产者的权益；强化生产者的质量管理体系，促进无公害畜产品生产的健康发展。

GMP 的实施需要建立在企业的质量体系基础上。所谓质量体系是指为实施质量管理而建立的组织结构、程序和资源。因此为了实施 GMP，必须组织一支质量管理队伍，制定相应的质量手册和质量管理程序，确定质量管理内容和管理方法。并且在实施过程中按照质量管理的循环理论，对质量管理工作依照计划、执行、检查、改进 4 个连续并不断循环步骤，将质量管理工作持续改善。

（一）质量体系建设

1. 确立质量体系

建立和实施质量体系的关键是领导重视和直接参与，有一支质量管理队伍和具体的工作计划，同时制定本企业质量方针，确定质量目标。调查畜产品质量形成过程中各阶段、各环节的质量状况、存在的问题，各部门所承担的质量职责和完成情况，相互间接协调程度，收集有关标准、规范与国际贸易有关的规定、准则等。还要根据开发、生产、检验等活动的需要，积极引进先进的技术设备和提高技术水平，确保产品质量满足顾客的需要。

2. 编制质量体系文件

质量体系文件是开展质量管理的基础。质量体系文件必须具有系统性、协调性、科学性和可操作性，由质量手册、质量体系程序、质量计划和质量记录组成。内容有质量方针、对质量有影响的相关人员的职责、权限和相互关系；具体工作的规定，如由何人、何时、何地及如何去做，应使用什么材料、设备和文件，以及应达到的标准，如何进行控制和记录；在质量记录中要求能够反映产品质量形成过程的真实状况，为正确有效地控制和评价产品质量提供客观证据。

3. 质量管理体系的运行

质量体系的实施运行实质上是指执行质量体系文件并达到预定目标的过程。企业可以通过全员培训、组织协调、质量审核来达到这一目的。

全员培训，在质量体系的运行阶段，首先要对全体职工进行培训，使大家都了解各自的工作要求和行为准则。只有大家对质量管理有了深刻的认识，具备质量管理的知识和技能，才能有共同的语言和目标。

组织协调的目的是解决质量体系运行过程中出现的问题。

质量审核是企业自我检查质量活动及其结果是否符合计划要求，用以保证质量体系的有效运行。

（二）GMP 相关标准文件

在具体实施 GMP 过程中，需要将质量体系文件进一步充实与完善。

1. 卫生管理标准文件

饲养场的卫生管理组织与职责；动物防疫检疫管理、动物引种的卫生管理；饲料添加剂与兽药管理；饲养场设施卫生管理；环境卫生管理；消毒、灭鼠、灭虫卫生管理；无害化卫生管理；饲养卫生管理；加工企业卫生管理；机器设备定期清洁消毒计划；从业人员卫生管理、卫生检查计划；卫生教育计划。

2. 畜产品生产标准文件

畜禽饲养场的组织与职责；农业投入品采购与仓储、运输规范；畜禽饲养规范；畜禽加工作业程序；生产管理标准（生产流程、管理、对象、管理项目、管理标准及注意事项）；机器设备定期维修计划；上岗人员训练计划；安全生产手册；供水处理；废水、废弃物处理；饲料的仓储管理；畜产品的仓储管理；运输管理等。

3. 质量管理标准文件

质量管理组织与职责；农业投入品（饲料、饲料添加剂、兽药）验收规范；农业投入品的仓储质量管理；生产过程中的异常现象及反馈处理方法；分析检验仪器使用手册；检验仪器的保养与校正；微生物、理化检验操作程序；生产检查记录；原料、半成品、成品异常退回处理办法；全员质量管理教育训练计划及行业相关标准。

（三）GMP 实施过程中的原则

1. 减少人为的错误

将生产部门与质检部门分设，建立质量检验、核查制度，划分明确权责，在各部门实施责任制。对各种生产作业程序和农业投入品的质量规格提出明确规定，并确保执行。在生产中实施批号管理，对容易发生人为失误的作业采取重复检验手续。

在所有环节都实行质量记录，对所有上门人员进行教育培训，减少人为的错误发生。

2. 防止产品发生污染

严格控制畜禽饲养的环境卫生，做好清洁消毒工作。按照饲料使用准则、兽药使用准则及兽医防疫准则合理使用兽药，防止有害物质污染和兽药残留做好防疫工作，防止疫病发生。经常注意并掌握生产人员的健康情况，避免人畜共患病的发生。限制非生产人员进入生产场所，在场（厂）房、机器设备布置方面，要防止发生交叉污染，便于清洗消毒。按作业流程的卫生需求，划分作业场所，适当分隔。并注意控制空气、污水的流向，避免污染产品。

3. 健全质量管理体系

健全质量管理队伍，在生产过程中对各重要管理点实施过程控制，制定合理的质量控制的各项检验工作，定期保养和校正检验仪器，对出厂后的成品实施留样备查制度。完善各项质量管理文件的管理。对消费者的投诉进行认真的检查，对有质量问题的产品进行成品回收。

第四节　畜产品安全加工的 HACCP 技术规范

一、危害分析与关键控制点（HACCP）的概念和相关术语

（一）危害分析与关键控制点（HACCP）的概念

危害分析与关键控制点（Hazard Analysis and Critical Control Point，HACCP）是一个保证食品安全的预防性管理体系，也是目前国际上公认的最有效的食品安全质量保证体系。其强调的是在生产过程中通过预防措施将可能发生的食品安全危害降到最低限度，而不是靠事后检验来保证产品的安全性。HACCP 管理体系运用食品工艺学、微生物学、化学和物理学、质量控制和危险性评估等方面的原理和方法，对整个食品链，即食品原料的种植 / 饲养、收获、加工、流通和消费过程中实际存在的和潜在的危害进行危险性评估，找出对最终产品的质量可能造成影响的关键控制点，并采取相应的预防控制措施，在危害发生之前就加以控制，从而使食品达到较高的安全性。

20 世纪 50 年代初，由美国最先提出 HACCP 并应用于航空制造业，后由 Pillsbury 公司与美国宇航局（NASA）合作开发宇航食品，首次将 HACCP 引入食品工业，1973 年美国 FDA 在低酸罐头食品生产中成功地应用了 HACCP。

1989 年美国食品安全监督局（FSIS）决定在畜禽企业推行 HACCP 体系，系统开发以 HACCP 为基础的食品安全管理体系。1996 年，美国农业部（USDA）发布了《致病性微生物的控制与 HACCP 体系法规》，要求所有畜禽制品企业都必须执行卫生标准操作程序（SSOP）和 HACCP 体系以确保食品的安全性。

我国认证认可委员会也于2004年公布了《基于HACCP的食品安全管理体系》，为食品安全管理制定了规范。

实施HACCP体系的必要条件是良好操作规范（GMP）和卫生标准操作程序（SSOP）。如果没有GMP和SSOP作基础，实施HACCP只是一句空话，因为HACCP体系本身只是一种管理方法，而大量的工作实际是在GMP和SSOP。

（二）危害分析与关键控制点（HACCP）术语

1. 控制（动词）

采取一切必要行动，以保证和保持符合HACCP计划所制定的目标。

2. 控制（名词）

遵循正确的方法和达到安全指标时的状态。

3. 控制措施

为防止、消除食品安全危害或将其降低到可接受的水平所采取的任何行动和活动。

4. 纠偏行动

当对关键控制点（CCP）进行监控，发现有设定的关键限值偏离的情况时所采取的行动。

5. 关键控制点

能进行控制，以防止、消除某一食品安全危害或将其降低到可接受水平的必需的某一步骤。

6. 关键限值

与关键控制点相关的用于区分可接受或不可接受水平的指标。

7. 偏离

不满足关键限值。

8. 流程图

生产或制造特定食品所用操作顺序的系统表达。

9. 危害分析和关键控制点

对食品安全显著危害进行识别、评估以及控制的体系。

10. HACCP 计划

根据 HACCP 原理制定的确保食品从生产到消费各环节中对食品安全显著危害予以控制的文件。

11. 危害

食品中所含有的对健康有不良影响的生物、化学或物理性潜在因素或条件。

12. 危害分析

对危害及其存在条件的信息进行收集和评估的过程。以便确定食品安全的显著危害，因而可被列入 HACCP 计划中。

13. 监控

对控制参数所进行的有计划的、连续的观察或测量活动，以便评估 CCP 事后处于控制之中。

14. 步骤

从初级生产到最终消费的食品链中（包括原料）的某个点、程序、操作或阶段。

15. 确定

获得证据，来判定 HACCP 计划各要素的有效性。

16. 验证

运用除监控以外的其他方法、程序、测试和评估手段来判定 HACCP 计划的符合性。根据实施验证的机构不同，可分为企业自我验证、第三方验证和政府管理机构验证等。

17. 卫生标准操作程序

企业按照国家有关安全卫生的要求所制定的用于食品控制生产卫生的操作程序。

18. 操作限值

比关键限值更严格的、由操作者设定的用来减少偏离关键限值风险的参数。

二、HACCP 的基本原则

HACCP 体系是一种建立在良好生产规范（GMP）和卫生标准操作规程（SSOP）基础上的控制危害的预防性体系，其控制的主要目标是食品的安全性，同目前推行 IS09000 系列的质量管理标准相比，其主要是着眼于影响产品安全的关键控制点，而不是泛泛地在每个步骤上平均分配精力，这样，对预防食品被污染更有效。现行的全球通行 HACCP 的 7 项基本原则是在 CAC 的下属机构——食品卫生委员会 1989 年起草的《用于食品生产的 HACCP 原理的基本准则》的基础上，于 1993 年在颁布的《应用 HACCP 原理的指导书》中规定。其具体内容包括：

（1）进行危害分析（Hazard Analysis，HA）；根据生产过程的工艺流程图，列出所有潜在的危害，进行危害分析，确定控制措施。

（2）辨识和确定关键控制点（CCP）。

（3）给每一个被确认的关键控制点确定一个与之相对应的关键限值（Critical Limits，CLs）。

（4）建立关键控制点的监督机制。

（5）建立关键控制点偏离关键限值时的纠偏措施。

（6）确立 HACCP 验证程序以有效运行的监督反馈机制。

（7）建立完整的文件和记录保存程序。

三、实施 HACCP 的前提要求

在实施 HACCP 以前，首先应选择和采纳通行的良好制造规范

（CGMP）。如果不运用 CGMP 规则，就不能有效实施 HACCP 计划。例如，畜禽加工厂 HACCP 计划中规定了某些加工内容应符合 CGMP 的具体要求，它已针对食品生产中的生物、化学和物理危害制定了详细的预防和控制措施。GMP 是实施 HACCP 的基础条件。

畜禽加工企业的卫生标准操作规程（SSOP）囊括了为防止产品直接污染或掺假而采取的所有日常操作处理和卫生操作规范。SSOP 和 GMP 共同成为实施 HACCP 的前提条件。目前，已增加 GAP、GVP、GDP、GRP、GHP 等，共同组成支持 HACCP 实施的安全支持性措施，成为企业实施 HACCP 时的基础设施维护方案和操作性必备方案。具体包括以下内容。

（1）培训。

（2）员工操作。

（3）基础设施。

（4）良好操作规范。

（5）清洁、卫生和害虫控制。

（6）接收、运输和贮存。

（7）可追溯和回收。

（8）供应商控制。

（9）有毒物质控制。

SSOP 是卫生标准操作程序的英文缩写，是食品企业为了满足食品安全的要求，在卫生环境和加工过程等方面所需实施的具体程序，是实施 HACCP 的前提条件。根据美国 FDA 的要求，SSOP 计划至少包括以下 8 个方面。

（1）用于接触食品或食品接触面的水，或用于制冰的水的安全。

（2）与食品接触的表面的卫生状况和清洁程度，包括器具、设备、手套和工作服。

（3）防止发生食品与不洁物、食品与包装材料、人流和物流、高清洁区的食品与低清洁区的食品、生食与熟食之间的交叉污染。

（4）手的清洁消毒设施以及卫生间设施的维护。

（5）保护食品、食品包装材料和食品接触面免受润滑剂、燃油、杀虫剂、清洗剂、消毒剂、冷凝水、涂料、铁锈及其他化学、物理和生物性外来杂质的污染。

（6）有毒化学物质的正确标志、贮存和使用。

（7）直接或间接接触食品的从业者健康情况的控制。

（8）有害动物的控制（防虫、灭虫、防鼠、灭鼠）。

四、HACCP 的实施方法

HACCP 可以对多种危害进行分析与抑制。但初次引进 HACCP 的单位的研究内容应尽可能简单，即限制在一种或两种危害，以免体系过于庞杂，不能收到好的效果。

HACCP 研究是围绕特定产品和相应工艺路线进行的，因此，需要清楚地确定研究范围，以及需要解决的问题，如兽药残留、有害金属毒物污染、致病菌污染等。具体可按下列步骤实施。

（一）组成 HACCP 小组

HACCP 需要成立一个多学科专家组成的小组，小组应该包括下列人员：质量管理专家、微生物学专家、畜牧专家、兽医、化学专家、生产专家、设备工程师、卫生管理专家及其他人员。同时指派一名熟知 HACCP 技术的人作为小组的组长。小组成员必须具备足够的生产知识和专业知识。

（二）描述产品

描述产品就是对所研究的产品或半成品（仅对前部分工艺研究）进行全面的描述。

产品描述的内容包括：成分、组织结构、卫生状况、加工特点、包装、贮存和贮存期限、使用说明。

（三）确定预期使用目的

确定预期使用目的，即确定消费的预期使用目的和消费者类群。

（四）绘制流程图

在仔细审查所研究的产品和工艺的基础上，绘制流程图。流程图的样式可以随意选择，但对工艺的每一个步骤，从原料到加工、出售和消费者使用，都必须在流程图中依次清楚地描述出来，还应标上足够的技术数据供研究用。

（五）流程图的现场验证

HACCP 小组应在现场走访调查，证实流程图中每个步骤都是实际操作的精确反映，其中还要对夜班或周末操作运行进行验证。在现场验证后，再对流程图进行修改，把原流程图有偏差的地方进行修改。

（六）列出每一工艺步骤存在的潜在危害，同时列出控制危害的所有措施

HACCP 小组要按照流程图分析可能会发生的所有危害，甚至特殊情况（如延迟加工、临时贮存）下的变化也应考虑其中。控制措施是指消除或降低危害至可接受水平的活动，它需要有具体的规定和操作程序来支持，例如，具体清洁、消毒的周期、配料的质量规格、卫生隔离措施等。

（七）对各工艺步骤应用 CCP 判断树确定关键控制点（CCP）

各工序的危害分析与制定控制措施是否属于关键控制点还要通过 CCP 判断树来判定。判断树由 4 个问题所组成。

问题 1：针对已辨明的危害，在本步骤或随后的步骤中，是否有相应的预防措施？

问题 2：能在此步骤将发生危害性的可能性消除或降低到可以接受的水平吗？

问题 3：某些确认的危害造成污染会超过可接受的水平或者会增加到无法接受的水平吗？

问题 4：后一步能消除已辨明的危害，或将发生危害的可能性降低到可以接受的水平吗？

（八）制定各 CCP 的目标水平和控制范围

在鉴别了 CCP 后，小组随即要确定各 CCP 的控制措施。要定出目标水平和控制范围。目标水平的制定要在 CCP 点预先测定，有其可行性。目标水平应该是有关该 CCP 的可测量参数，最好是那些能相对快速和简便测定的参数。这些参数包括温度、时间、水分、pH、理化分析指标、生物性检验指标、感官分析和操作规范等。

（九）建立各 CCP 的监控制度

选择正确的监控制度是 HACCP 研究中一个极为重要的部分，监控是对 CCP 是否达到目标水平和控制范围而进行的有计划测量与观察，监控操作程序应能够及时测出 CCP 的失控。

（十）制订纠偏计划

HACCP 小组应当规定当监控结果显示 CCP 偏离了其规定的控制范围时采取的纠偏措施。最好是规定当监控结果表明有失控趋势时应采取的行动。

（十一）建立记录保存和文件归档制度

准确、可靠的 HACCP 记录与保存对有效地实施 HACCP 是极为重要的，所有有关文件档案、记录都需要归档保管。

（十二）验证与审核

验证是用于判断 HACCP 操作程序是否在正确地运行。验证包含两方面内容：一是判断 HACCP 操作程序是否还适合用于消除或降低危害。二是判断监控制度和改正行为是否准确、有效。

（十三）HACCP 计划的总结

在生产原料、产品、工艺等发生变动前，需要对 HACCP 有关情况进行回顾总结。当原料、配方、加工体系、饲养场、工厂布局和环境发生变化，加工设备改进、清洁和消毒方案发生变化，包装、贮存、运销体系发生变化，质量管理体系变化时，也要及时总结对 HACCP 的影响，修改有关内容。

第五节　畜产品质量安全的可追溯体系

随着一系列畜产品安全事件的发生以及禽流感、疯牛病人畜共患传染病的暴发，世界各国对畜产品的质量安全问题越来越关注。随着科学技术的应用，畜产品的生产加工链条越来越长，环节越来越多，不同环节常常在不同时间和地域。由于缺乏生产信息的有效传递，消费者很难从食品链的最终环节了解畜产品的来源和加工信息。畜产品可追溯系统作为质量安全管理的重要手段，有效地解决了畜产品的溯源问题，越来越受到有关部门和消费者的普遍关注。

一、可追溯性的含义

可追溯体系在很早以前已经用于经营管理，而应用于动物及动物产品生产则是在以欧洲疯牛病的大规模暴发以及转基因食品迅猛发展的背景下，由法国等部分欧盟国家提出的。可追溯性定义为“通过登记的识别码，对商品或行为的历史和使用或位置予以追踪的能力”，即利用已记录的标识追溯产品的历史、应用情况、所处场所或类似产品或活动的能力，旨在作为危险管理的措施，一旦发现危害健康问题时，可按照从原料上市至成品最终消费过程中各个环节所必须记载的信息，追踪流向，回收未消费的食品，撤销上市许可，切断源头，消除危害，减少损失。国际食品法典委员会指出“可追溯性”是风险管理的关键，尤其是对非预期效应的监控和标识管理特别有效。

二、国内外畜产品可追溯系统的发展现状

欧盟的畜产品可追溯系统主要应用于牛肉产品。欧盟于 2000 年出台了（EC）No.1760/2000 号法规，要求自 2002 年 1 月 1 日起，所有在欧盟国家上市销售的牛肉产品必须要具备可溯源性，在牛肉产品的标签上

必须标明牛的出生地、饲养地、屠宰场和加工厂，否则不允许上市销售。2002 年欧盟颁布的《通用食品法》要求从 2005 年 1 月 1 日起，在所有生产、加工和销售阶段预期加进食品或饲料的任何添加剂的可溯源性应该被确定。欧盟通过法律法规向消费者提供足够清晰的产品标识信息，同时在生产环节对牛建立有效的验证和注册体系，采用统一的中央数据库对信息进行管理。

美国农业部（USDA）动植物卫生检验局（APHIS）早在 20 世纪 20 年代开始允许使用耳标、在皮肤或面部纹刻等方法标识动物，并成为联邦法律的强制要求。这些方法可以实现在动物疫病发病时，追溯到病源动物的来源与转移情况的信息。由于美国较少暴发大规模动物疾病，美国民众对政府的职能信心较高，对本国畜禽产品安全的信心较强。因此，“溯源”系统在美国肉食品生产中应用刚刚起步，落后于欧盟及加拿大等国家。但“溯源”系统已经引起了美国肉食品生产者的关注，并应用到猪肉等其他畜肉产品的生产中。

中国对畜产品可追溯管理处于研究和试点的起步阶段。自 2004 年开始，农业部开展动物防疫标识溯源信息系统建设，2006 年，农业部制定了《畜禽标识和养殖档案管理办法》，对畜禽标识、管理方式、养殖档案和信息管理、监督管理等做了明确规定。目前，中国确定的动物标识及疫病可追溯体系基本模式是以畜禽标识为基础，利用移动智能识读设备，通过无线网络传输数据，中央数据库存储数据，记录动物从出生到屠宰的饲养、防疫、检疫等管理和监督工作信息，实现从牲畜出生到屠宰全过程的数据网上记录，达到对动物及动物产品的快速、准确溯源和控制。2005 年，农业部在四川、重庆、北京、上海等四省（市）进行防疫标识溯源试点，目前，已向试点地区发放标识移动智能识读器 10 978 部，培训基层技术人员 14 600 人，向中央数据库传输数据 36 万多条。

三、畜产品可追溯系统关键技术

（一）条形码技术

条形码是由美国的伍德兰在 1949 年首先提出的。近年来，随着计算

机应用的不断普及，条形码在商品流通、图书管理、邮电管理、银行系统等许多领域都得到了广泛的应用。条形码是由宽度不同、反射率不同的条和空，按照一定的编码规则（码制）编制成的，用以表达一组数字或字母符号信息的图形标识符。在畜产品追溯系统中，条形码主要应用于养殖阶段的塑料耳标、EAN·UCC 商品条形码以及二维耳标。

2002 年，农业部发布了《动物免疫标识管理办法》，对猪、牛和羊强制使用统一的塑料耳标，耳标上印制统一编码。通过耳标编码可唯一区别畜体。塑料耳标成本低廉，每只 0.10 元，但仅能靠肉眼识别，速度慢，自动化程度低，在人工判读记录过程中易发生错误。因此，研究人员用特定的设备将一维条形码打印在耳标上，通过相应的条码读取设备实现畜体标识的自动获取。

目前，在畜产品标识中应用得最广泛的一维条形码是 EAN 条形码。EAN·UCC 系统（全球统一标识系统）是由国际物品编码协会和美国统一代码委员会共同开发、管理和维护的全球统一标识系统和通用商业语言，已广泛应用于工业、商业、运输业、物流等领域。通过 EAN·UCC 系统可以对供应链全过程的每一个节点进行有效的标识，建立各个环节信息管理、传递和交换的方案，从而对供应链中食品原料、加工、包装、贮藏、运输、销售等环节进行跟踪与追溯，及时发现存在的问题，进行妥善处理。目前，已有多个国家和地区采用 EAN·UCC 系统，对食品的生产过程进行跟踪与追溯，获得了良好的效果。欧盟已经采用 EAN·UCC 系统成功地对牛肉、蔬菜等开展了食品跟踪研究。国内食品行业由于观念、资金、技术等原因，对 EAN·UCC 系统的应用目前主要在零售结算环节，远未在食品供应链的全过程应用。

一维条形码只是在一个方向（一般是水平方向）表达信息，而在垂直方向则不表达任何信息，一维条形码的应用可以提高信息录入的速度，减少差错率，但是具有数据容量较小（30 个字符左右）、只能包含字母和数字、条形码尺寸相对较大、遭到损坏后便不能阅读等缺陷。与一维条形码相比，二维条形码具有很多优点，它能在有限的空间内存储更多的信息，包括文字、图像、指纹和签名等，信息量大，条形码尺寸小，纠错能力强，并可脱离计算机使用。为此，中国研究人员先后开展了二维条码的研究。目前二维条码技术已在中国的汽车行业自动化生产线、医疗急救服务卡、涉外专利案件收费、珠宝玉石饰品管理、电子票务及证卡系统上得到了应用。

2005 年我国自主知识产权二维条码汉信码诞生。汉信码是第一种在码制中预留加密接口的条码，它可以与各种加密算法和密码协议进行集成，具有极强的保密防伪性能，特别适合我国政府办公、工商管理、金融税务、物流等众多领域信息化的需求。在应用中，汉信码可以根据用户的需求进行量身定制。

目前，中国科研人员在畜禽二维条码标识研究与应用方面也取得了较大进展。在农业农村部启动的“动物标识溯源项目”中，农业农村部与新大陆集团自主研发了二维码识读技术和动物标识溯源数据库软件系统，利用手机的摄影功能，对二维码进行拍摄，再通过固化在手机上的解码软件对二维码进行解码识读，最后通过手机的通信功能将解码识读后的信息传输出去。这个系统特色之处在于便携式移动智能识读器以及网络开证技术。

江苏省农业科学院采用二维条码耳标，给肉猪佩戴 3 个月，试验发现，通过二维条码阅读器自动识别，其识别率达 86% 以上，该耳标不仅可与农业部免疫耳标接轨，其大小、形状和使用方法均相同。但同时也存在一些问题，由于耳标获取前端属于光学信号读取装置，易受屠宰车间光线、雾气、血污和粪便等物理环境的影响，读取前必须清除耳标上的污物。另外，激光扫描枪的扫描角度和距离也影响到读取的成功率和读取时间。尽管如此，二维条码技术仍为研究低成本、高质量的畜体个体标识耳标提供了可能。

（二）RFID 技术

RFID 技术是利用射频信号通过空间耦合实现非接触信息传递并通过所传递的信息达到识别目的的技术，是自动识别技术在无线电技术方面

的具体应用和发展。技术的核心内容是，通过采用一些先进的技术手段，实现人们对不同条件（移动、静止或恶劣环境）下的实体对象（包括零售商品、物流单元、集装箱、货运包装、生产零部件以及设施设备、人员、生物体等）的电子标示自动进行识别和管理。

中国科研人员在原料奶品质管理中应用RFID技术，开发了基于RFID技术原料奶品质管理系统。通过改进二进制搜索防碰撞算法，解决了多个电子标签同处于射频感应区域时会出现的碰撞问题。通过分析数据校验CRC-CCITT码，实现了系统的数据校验。采用DES算法实现了原料奶品质管理系统的标签加密。

周仲芳等以内地供港活猪为对象，采用基于RFID技术的“电子耳标”数据载体，建立了活猪检验检疫监督管理系统。该系统选用134.2kHz为工作频率，在不同环节分别采用台式读写器、手持式读写器以及通道式固定阅读器进行数据采集，实现了活猪从饲养场生产管理到出口报检、产地隔离检疫和香港查验等检验检疫和通关环节的全方位监控。

王以忠等研制出了一种用于农产品质量溯源的RFID温度测录系统。该系统由ATMEGA16单片机、DS18B20温度传感器、ZLG500RFID读写模块及PhilipsMifareS50无源RFID标签组成。该系统实现了农产品物流中温度的全程透明跟踪和全程溯源。

美国已研制开发出一系列基于RFID的养猪信息化管理平台，如美国奥斯本公司设计的全自动母猪饲喂系统（TEAM）、全自动种猪生产性能测定系统（FIRE）、生长育肥猪自动分阶段饲养系统等。

目前，RFID技术在中国一些大型食品加工企业得到了应用。以猪为例，在仔猪出生后的某一特定时间段内，统一由饲养场打上RF1D耳标，耳标内储存有饲养场名称、地址、规模、场主、仔猪来源等基本信息。随着仔猪的不断生长，利用读写器将用料情况、用药情况、防疫情况、猪健康状况等输入RFID耳标，利用计算机处理分析后，供给猪场管理人员使用。

在屠宰加工环节，猪身上的RFID耳标信息转换成挂钩上的RFID电子标签信息。由于屠宰加工后的产品种类繁多，需要屠宰企业在重要加工工序及屠宰加工流程岔道处安装RFID电子标签读写器、控制器等设备，将屠宰加工过程中每一工序的信息，如重量、检验检疫、生产班组、生产批次、产品名称等读入挂钩标签，以供管理人员随时监管。

在仓储与物流环节中，利用读写器对产品的出入库情况进行记录与管理。由于猪肉必须冷链储存和运输，因此，可将温度传感器与RF1D技术相结合，随时记录仓库及运输车内温度变化，以便对产品质量进行监控。

与条形码识别相比，电子标识使用简便，阅读距离长，数据读取准确率高，但成本较高。目前，中国RFID技术的研究有了很大进展，应用领域主要有防伪、工业自动化、交通信息化管理、物流与供应链管理等。在畜产品质量追溯系统中，仅仅处于研究与初步应用阶段。

（三）蛋白质、DNA分析法

随着现代生物技术的不断更新，基于蛋白质和DNA的分子检测技术也广泛应用于物种标识。蛋白质（酶类、肌红蛋白等）可以用来标识物种，主要可采用淀粉的水溶性蛋白质析出、聚丙烯酰胺凝胶电脉、琼脂凝胶电泳等方法，目前蛋白质分析法已成功用于鉴别生肉。对于加工肉类产品来说，由于肉类蛋白质经过加工处理可能改变了其结构和稳定性，从而破坏物种特有的蛋白质或抗原决定部位，因此无法分析出加工肉类制品。随着分子生物技术的发展，以核酸为基础的分析法，诸如DNA分析法则成为鉴别加工食品中物种的优先选择。

20世纪80年代以来，随着聚合酶链式反应（PCR）技术的出现，DNA分子标识广泛应用于动物物种鉴定中，主要有限制性片段多态（RFLP）技术、随机扩增片段长度多态（RAPD）技术、扩增片段长度多态（AFLP）技术、扩增片段限制性长度多态（PCR—RFLP）技术、物种特异性引物扩增、直接测序等测定方法。进行DNA标识取样的肉品可以是新鲜的、加工的甚至是烹调过的。

物种特异性引物扩增技术可有效监测饲料成分。如为了防止疯牛病

的发生，欧盟禁止在饲料中加入一些动物性成分，对这些饲料进行监控主要采用物种特异性引物复合扩增技术。设计被禁止动物的特异性引物，扩增的片段位于不同的基因序列，长度不同，扩增后很容易通过比较电泳图谱来确定存在哪些动物物种。

具有物种特异性的微卫星引物扩增和单核苷酸多态性在家畜个体追溯中也发挥了重要作用。与微卫星方法有许多等位基因相比，单核苷酸多态性（SNP）方法仅有两个等位基因，技术相对简单，成本相对低廉，在基于 DNA 的可追溯系统中将更多地采用 SNP 分析方法。

物种特异性引物扩增对样品的量需要很少，灵敏度高、结果可靠、操作简便，对特定物种的检测效果良好，但是这种方法针对性强，对于未知检材不能有针对性地设计或选择特异性的引物，因此，不能有针对性的扩增和鉴定。

虽然 DNA 技术的研究发展很快，与此相关的检测手段多种多样，但 DNA 技术用于动物的物种鉴定还存在一些缺点：如 DNA 分析涉及一系列复杂的分离、提取、检测以及数据分析与结果解释等，操作中稍有误差将影响分析结果；另外，费用高昂，DNA 分析中所用的许多专门设备和试剂价格昂贵，不可能在物种常规鉴定中广泛应用。

（四）虹膜识别

虹膜，是位于眼睛黑色瞳孔和白色巩膜之间的圆环状部分，总体上呈现一种由里到外的放射状结构，由相当复杂的纤维组织构成，包含有很多相互交错的类似于斑点、细丝、冠状、条纹、隐窝等细节特征，这些特征在出生之前就以随机组合的方式确定下来了，甚至一个人左右眼的虹膜也不相同。更重要的是虹膜不会随着人的成长而发生变化。虹膜识别的误差率只有一百二十一万分之一，它可以捕捉虹膜上超过 250 个与其他虹膜相异的特征。虹膜识别的准确性是各种生物识别中最高的。

20 世纪 30 年代中期，人们已经开始设想用虹膜来识别身份。但是，虹膜识别技术直到 90 年代才成为现实。目前，国际上已经开始在机场、银行等处用眼睛虹膜识别技术来取代各种卡片和密码。将摄像机对用户的眼睛进行扫描，扫描后的图像转化为数字信号，与数据库中事先存入的资料进行核对，以此检验用户的身份。近年来，中国科研人员在虹膜识别技术上也取得了重大进展。中国科学院自动化研究所模式识别国家重点实验室所建立的虹膜图像数据库已成为国际上最大规模的虹膜共享库，目前已有 70 个国家和地区的 2 000 多个研究机构申请使用。北京大学视觉与听觉信息处理国家重点实验室科研人员将二维离散余弦变换（2DDCT）和二维主元分析（2DPCA）相结合,在研究特征融合的基础上，提出了一种人脸与虹膜特征融合的识别方法，获得了比人脸识别或虹膜识别更高的正确识别率。

第四章　多通道畜产品质量安全可追溯系统构建

第一节　畜产品安全可追溯系统的构建策略

一、畜产品安全可追溯系统的构建原则

为了满足中国畜产品安全可追溯系统创新的要求，根据系统需求分析，使系统能够更大程度地满足当前和未来不断变化的业务需求，同时也能够在最大限度地保护项目投资的前提下，充分利用迅速发展中的先进的信息技术和产品。因此，畜产品安全可追溯系统的设计主要基于以下几项原则。

（一）开放性、适应性和标准性

在系统设计开发过程中提供的系统方案、技术指标及产品均应符合国际和工业标准，系统中采用的所有产品都要满足相关的国际标准和国家标准（行业标准），是一个开放的可兼容的系统，可有效保护用户投资。

（二）先进性和成熟性

在系统各项功能设计中，无论硬件选择还是软件开发平台选择，首先要求符合当代信息技术发展的趋势，采用先进的、成熟的技术，注意协调先进性和成熟性两者之间的关系。

（三）可扩展性

在发展迅速的信息技术领域，应用环境、系统的硬件或软件都会不断地加以更新，因此，系统的可扩充性、兼容一致性直接决定着系统功能的完善和进一步发展。畜产品安全可追溯系统应满足不断优化、平滑升级的要求。

（四）高可靠性

食品追溯系统的稳定性是应用单位信誉与成功的关键，因此，应为用户提供一个具有高可靠性的方案，以保证系统的安全可靠性，具有高可靠性和强大有效的容错能力是系统设计的重要前提。在系统设计中，应充分体现技术的先进可靠性，并注重保持数据库的多层次管理、分级授权安全保密机制的优良性能。

（五）实用性、可维护性

畜产品安全可追溯系统必须严格按照国家有关标准，既要方便现有的设计及习惯，又要体现系统化后的适用性和优越性，操作界面、应用平台普通化。硬件的连接完全采用标准化接口；软件设计采用面向对象的程序设计思想和结构化的方法，便于模块的增加与删减；程序结构清晰、易懂，便于维护。

二、畜产品安全可追溯系统的构建要点

畜产品安全可追溯系统具有对所处政治、经济、文化等环境的依赖性，在系统设计时必须综合考虑环境因素的影响，突出环境特色。系统在设计时一般包括 6 个基本要点：系统分析、对象识别、追溯数据确定、供应链过程识别、追溯技术选择和系统框架设计。

畜产品安全可追溯系统设计的要点，主要体现在以下几个方面。

（一）关键追溯用户的确定

由于畜产品安全可追溯系统是一个开放的系统，包含众多用户，因此，需要针对性确定其关键用户，以便更好地满足用户需求。政府职能

部门、畜产品供应链成员、消费者都应纳入系统分析对象，并沿着“用户对象分析—用户需求分析—系统目标分析—系统功能分析—系统环境分析”的思路逐步确定关键追溯用户。

（二）关键追溯环节的识别

在畜产品安全可追溯系统中，电子编码技术以及自动识别与采集技术等关键技术的应用，有力保障了系统正常运行。但是，在设计时必须综合考虑效率—成本、效益—成本之间的均衡问题，根据需要选择关键技术。

（三）关键追溯环境的搭建

系统正常运行离不开正常软、硬件环境，无论是从系统应用模式选择还是应用软件开发工具、数据库、网络配置的选择，都应该遵循系统设计原则，满足当前功能和未来升级需求。关键追溯环境搭建体现在系统框架设计中，一个以任务为导向的畜产品安全可追溯系统软、硬件环境建设过程，从技术层面关注应用软件开发工具、数据库、网络配置，构建一个安全、可靠的系统运行环境。

第二节　畜产品安全可追溯系统总体结构

在系统设计原则和要点指导下，面向整个畜产品供应链，开展系统总体结构设计。

一、畜产品安全可追溯系统的功能模块

畜产品安全可追溯系统能够帮助政府部门、畜产品供应链成员、消费者等关键追溯用户充分了解畜产品的生产、加工、储运和销售过程中的安全信息,明确关键追溯环节的畜产品安全检测、评估和过程管理信息。因此，结合关键追溯技术选择和关键追溯环境，畜产品安全可追溯系统分为以下几个模块。

（一）标识追溯管理功能模块

在系统中，应用电子编码技术、电子标识及其中间件技术，引用标准的协议和接口，实现 RFID 读写器与系统之间的信息交互；引用 RFID 标识能够对从养殖—屠宰—运输—销售全过程进行准确而有效地标识，并记录整个畜产品供应链中的关键信息。RFID 标识作为系统追溯信息的载体，借助规范化、标准化的电子编码，记载畜产品在整个供应链流动过程中的信息。因此，需要对标识追溯信息进行维护，以满足标识追溯的要求。

标识管理为管理部门进行畜产品污染物追溯提供技术支持，为原产地追溯提供验证技术，并为政府职能部门、供应链成员、消费者等用户提供信息查询功能。

（二）个体追溯管理模块

在畜产品供应链体系中，耳标、RFID 和虹膜识别技术，已经用于标识牲畜的个体，无论采用哪种技术，都需要对个体的追溯信息进行管理，

以满足个体追溯的要求。以虹膜识别技术为例，为提高系统的识别率和鲁棒性（系统健壮性），应建立牲畜个体虹膜数据库，并应用有效的分类和检索技术，建立个体虹膜识别系统。

在畜产品供应链中，有的个体追溯可利用RFID实现，也可用DNA技术实现。首先利用RFID追溯畜产品在屠宰环节的批次号，然后找出该批次的所有血样（DNA信息），并将畜产品的DNA信息与各血样DNA信息逐一进行匹配，并根据匹配度确定个体，再根据血样信息中的耳标号和RFID信息，将屠宰环节记录的个体虹膜信息与养殖环节记录的该个体虹膜信息进行匹配，以验证个体鉴别结果的正确性。

（三）畜产品污染物追溯管理功能模块

在系统中，确定畜产品污染物的来源是一项重要功能。在标识追溯管理的基础上，面向畜产品供应链的养殖、加工、储运销售过程，针对农药残留、重金属和生物毒素等危害物，应用畜产品追溯技术，实现对畜产品流动过程中的危害物全程追溯。

利用不同来源地物质中同位素丰度存在差异的原理，可有效地检测出环境与畜产品中污染物的来源。政府职能部门利用同位素技术，可将被污染的畜产品的同位素信息与相关检测指标的同位素信息进行匹配，计算出各监测指标的贡献率，然后利用RFID追溯畜产品所经过的环节，从而判断出污染物进入的可能环节，或根据专家知识库进行决策支持，对污染物来源进行推断，以便针对污染情况，采取相应措施。

（四）原产地追溯管理功能模块

确定畜产品的原产地，也是系统的一个重要功能。在标识管理的基础上，根据畜产品的不同产地（根据地域、地质和气候带分布）来源地同位素、光谱及矿物质元素等特征，利用聚类分析、主成分分析等手段，可对畜产品的原产地进行鉴别。

生物体中同位素的自然丰度随产地的环境、气候、饲料种类及代谢类型的不同而不同。生物体中稳定性同位素组成是物质的自然属性，可作为牲畜的一种自然指纹，区分不同来源地物质。在原产地追溯中，政府职能部门可运用同位素技术或数据挖掘技术，将畜产品供应链末端问题产品的同位素数据群与各原产地的同位素进行匹配，或根据决策树模型进行推理，根据匹配程度研判可能的产地，并对原产地加以控制。

二、系统总体流程设计

（一）系统数据流

为了增强畜产品安全可追溯系统标识生命力，在系统设计时采用了统一标识、规范的数据流程，并采用相应的策略控制数据标识流向。数据流程的统一和规范，不但是实现系统功能标识的要求，而且是实现系统间数据共享和交流标识的需要，特别是完成系统运行后长期而繁重标识维护任务的需要，有助于减少系统维护开发的工作量。因此，畜产品安全可追溯系统在B/S架构中标识顶层和第二层数据流图，如图4-1、图4-2所示。

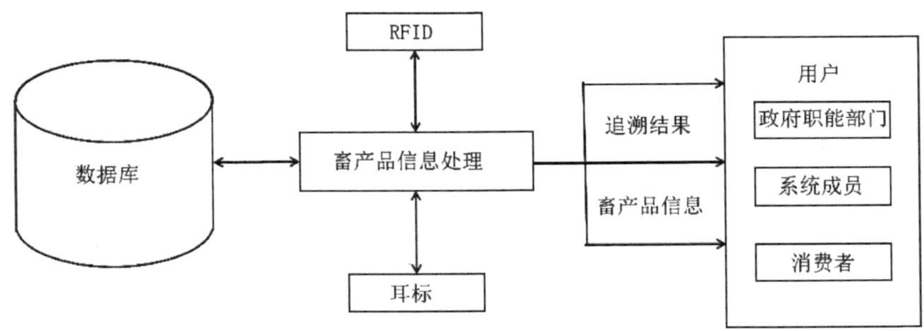

图 4-1　顶层数据流

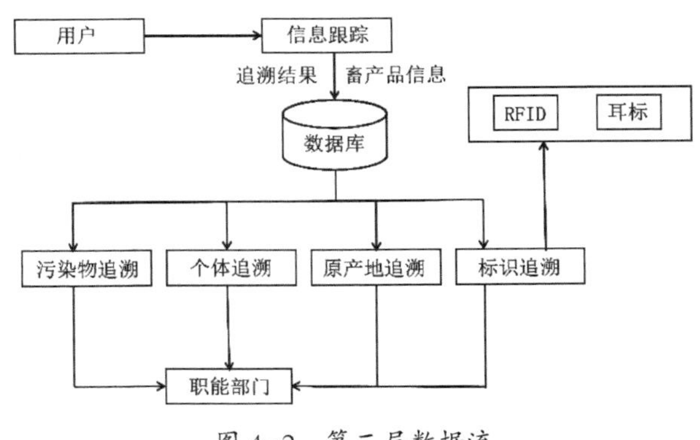

图 4-2　第二层数据流

（二）系统总体流程设计

从系统用户输入口令开始，到进入共享平台对畜产品安全可追溯信息进行相应的操作是系统运行的主题流程。为了强化对系统用户、功能模块的管理，在系统初始化过程中需要进行各种判断。

用户在进入主系统前，需要通过ID认证来获得操作权限，不同的身份具有不同的操作权限。进入系统后，可根据自身的权限进入相应的功能模块进行操作，而几乎每一个具体操作都需要访问系统的数据库。

在畜产品安全可追溯系统中，还涉及虹膜数据的存取等流程，这些流程是独立于系统主体流程之外，在产品流通过程中实现的。

（三）畜产品安全可追溯系统功能结构

通过对系统的分析，可进一步获得系统功能结构图和系统各模块间的关系图，从而为系统各个功能模块的设计与开发提供良好的逻辑思路和系统化思维方式。

1. 系统功能结构图

增加系统设置和畜产品信息综合查询功能模块，有助于增强系统的灵活性、适应性和可扩展性，实现对系统结构与功能的调整和变更。作为基础功能系统设置模块则贯穿与整个系统中，使各个模块相互联系、相互作用，共同满足各个用户对畜产品追溯信息的需求。畜产品信息综合查询模块主要为政府职能部门、供应链成员和消费者等用户提供各类追溯信息查询功能。

2. 系统各模块间的关系

通过对系统功能结构的分析，可描述各模块间的关系，以及相应的数据读取和综合查询功能。标识追溯管理作为整个系统规范化、标准化运行的重要支撑，主要承担整个畜产品供应链中电子编码、标识信息的维护管理，以及基于电子标识的畜产品追溯；个体追溯管理、污染物追溯管理和原产地追溯管理正是基于电子标识所承载的信息实现畜产品可追溯功能的；系统设置功能主要对用户编码、权限、部门编码等基本信息，系统追溯所需数据信息以及相关方案进行设置管理；畜产品信息综合查询主要用于实现用户与系统之间的交互功能。

第三节　畜产品安全可追溯系统模块构建

一、标识追溯管理

标识追溯管理模块承担着系统的基本功能，主要为实现电子编码、电子标识（RFID）的规范化和标准化，提供相应的维护功能，并且为系统各用户提供基于电子标识的追溯功能。

（一）标识追溯管理模块的功能结构

标识追溯管理模块包括电子编码维护、标识信息维护和标识追溯 3 部分功能。

1. 电子编码维护

畜产品安全可追溯系统是建立在信息网络基础上的，畜产品在供应链中的流动，必须能够有效地反映在信息的交换过程中，是信息与畜产品在信息网络和供应链网络之间建立相互匹配的对应关系。因此，采用自动识别技术和数据采集（AIDC）技术，能够提高供应链的运营效率。

AIDC 技术的应用主要解决畜产品与信息之间的匹配关系问题，使畜产品在供应链的养殖、屠宰、储运和销售过程可实时反映在信息网络环境中，经营者管理人员能够了解畜产品在供应链中的流动状态，实现对畜产品全程的跟踪管理。SIDC 的实现以数据标准化为基础，需要建立一个科学规范的畜产品分类和代码体系，实现代码体系、条码技术和电子标识技术的集成应用。

畜产品安全可追溯系统以规范化、标准化的电子编码为基础，电子编码贯穿整个系统流程的始终。在标识追溯管理模块中，需要为系统管理员提供电子编码维护功能，实现电子编码的增、删、改功能，满足电

子编码的可扩展性和动态性需求。

2. 标识信息维护

RFID 电子标识以电子编码的形式承载着畜产品可追溯的信息，它记载着供应链各个关键环节的追溯信息，而且沿着供应链，RFID 中的信息需要不断更新。因此，标识信息维护主要用于实现对 RFID 重的信息增、删、改功能，以满足追溯的需求。

标识读写。在畜产品到达供应链各个环节时，首先配置好需要写入 RFID 的信息，如该环节的编号、批号等信息，然后读取 RFID 中上一环节的信息。如果该批产品来自指定的上一环节，则将配置好的信息写入 RFID 中，否则报警，信息不能写入。

信息入库。在供应链的各个环节，都需要信息写入数据库。养殖场在养殖时、屠宰场在完成屠宰后、加工厂在完成加工后或销售门店在产品上架前，将该过程中的一些信息写入到数据库中，需要写入的信息包括各环节名称、食品批号、日期、安全指标等。安全指标为追溯提供依据，主要包括供应链各环节中影响畜产品安全的关键指标。以牛肉为例，在养殖阶段影响牛肉品质的关键指标有饲养环境是否达标、卫生状况是否合格、饲料是否合格，是否生过疾病，以及所使用的兽药是否合格、使用剂量等指标，在其他阶段主要有添加剂、防腐剂以及存放环境等指标。

远程数据传输。为了提高畜产品追溯的实时性，饲料检测信息、环境检测信息以及需要及时发布的畜产品监测信息等原创数据，需要利用 PDA 通过有线或无线方式实时地传输到数据库中。

3. 标识追溯

标识追溯主要面向系统用户，提供基于电子标识的追溯功能，使用户能更加清晰地了解畜产品在供应链中的流动状态、产品安全等信息。用户可应用该功能进行产品追溯，即了解其养殖场信息、养殖时期、病史、养殖环境、屠宰场信息、屠宰时间、屠宰场环境、加工厂信息等，以此保证信息透明，从而实现畜产品安全。

（二）标识追溯管理模块流程图

通过以上对标识追溯管理模块的功能分析，可将该模块流程表示为如图 4–3 所示。

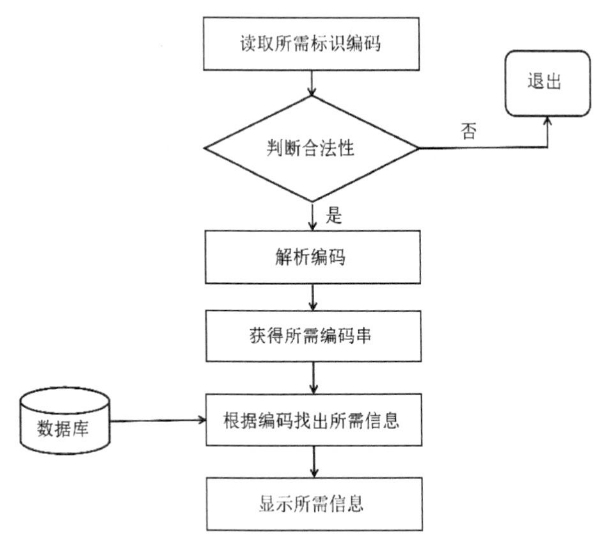

图 4–3　标识追溯管理模块流程

二、个体追溯管理

在利用编码技术初步地确定畜产品的批次来源和个体鉴别的基础上，个体追溯管理利用 DNA 印记技术以及虹膜识别技术进行牲畜的个体追溯，实现从最终消费产品到养殖屠宰场的个体追溯。

对于个体追溯的管理，设计了如下 2 种实施方案。

（1）从销售终端到养殖阶段，整个供应链可采用 DNA 印迹技术实现追溯，但由于 DNA 测序成本太高，且操作复杂，因此该方案的可操作性不强。

（2）从屠宰阶段到养殖阶段，用耳标或虹膜信息追溯个体；从销售终端到屠宰阶段，可通过 DNA 或电子标识追溯个体。

个体追溯管理面向的对象是政府职能部门和系统管理员。在个体追溯时，首先要提取待追溯个体的 DNA 测序，并利用 RFID 追溯到屠宰场

中的批次来源，对同一批次中动物个体的血样分别进行 DNA 测序，然后逐一与先前提取的 DNA 测序对比，找出匹配个体，通过 DNA- 虹膜数据库找到相应的虹膜信息及其电子标识号；再利用标识号追溯到养殖阶段中的个体。在这个过程中，政府职能部门可通过将 DNA- 虹膜数据库中的虹膜编码和基础虹膜数据库中的虹膜样本进行比对来检验电子标识信息是否正确。如果验证的结果是匹配的，则个体追溯成功；如不匹配，可能有两个原因：一是 DNA 鉴别或虹膜识别过程出现的差错；二是 RFID 中的追溯信息出现了错误。

（一）个体追溯管理模块的总体结构

在畜产品安全可追溯系统中，个体追溯管理是一项非常重要的功能，它能够借助牲畜饲养个体追溯功能，实现对牲畜的全称监控。系统用户通过输入个体特征信息在数据库中查找到相应的牲畜信息。在个体追溯信息管理模块中，主要包括综合信息查询（含批号信息查询和耳标号查询）和虹膜信息管理两大功能。

1. 批号信息查询

牲畜在屠宰时，是以一定单位数量的个体为一批进行的。个体追溯管理时，首先通过产品批号查询屠宰时所属的批号。通过批号，能找到所对应的数量血样。

2. 耳标号查询

相关部门将批次数量的血样送到相关研究部门进行 DNA 测序，将测序结果录入到系统中，可对应到耳标号，从而追溯到具体的养殖场和养殖者。为防止耳标号出错，可对两个字段的虹膜信息，即虹膜特征编码进行匹配，计算虹膜特征值，以确定信息的正确性。虹膜信息的采集、编码、与血样号的关联是在虹膜信息系统中完成的。

3. 虹膜信息管理

虹膜信息管理模块实现的主要功能是采集虹膜图像信息，并将采集到的虹膜图像转化成计算机可存储和识别的特征编码，将个体的特征编码与血样号等相关信息关联起来，为虹膜识别和匹配做好相应的准备工作。同时，还能实现个体饲养安全指标信息与维护。

（1）个体信息注册。个体虹膜注册是对牲畜个体追溯的起始点。在牲畜个体虹膜图像采集后，转化成可被计算机存储与识别的特征编码，将此编码信息与个体的耳标号信息关联起来并存入个体信息表与个体安全指标信息表中。

（2）个体信息关联。个体信息关联是针对屠宰场而言的。将采集到的虹膜信息与耳标号信息以及个体 DNA 信息关联起来，存入个体信息关联表中，供追溯时查询。

（3）个体安全指标管理。个体安全指标管理主要是用户添加及修改个体的相关安全信息。用户根据耳标号或虹膜信息，在数据库中查找相应的个体，在数据库的相应记录中添加或修改个体安全指标信息。

（二）个体追溯管理数据流

通过以上对个体追溯管理模块的功能分析，可将该模块流程表示为如图 4-4 所示。

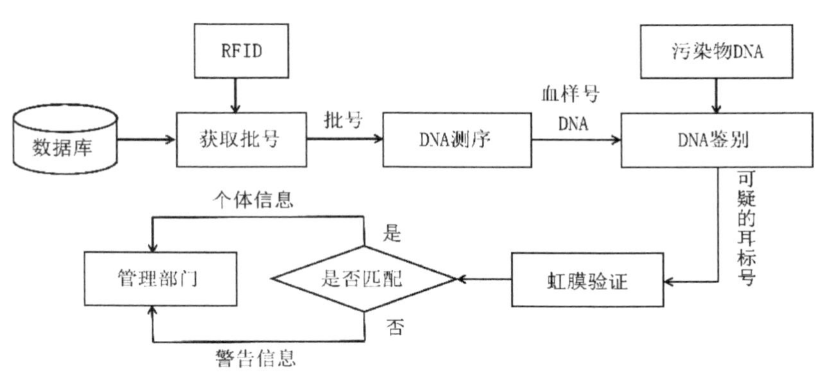

图 4-4　个体追溯管理数据流

（三）个体追溯管理流程

个体追溯管理流程，如图 4-5 所示。

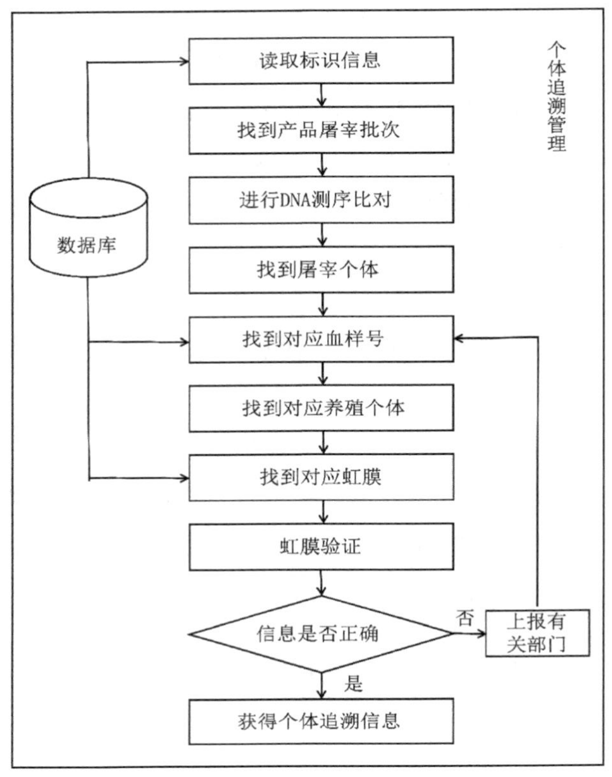

图 4–5 个体追溯管理流程

三、畜产品污染物追溯管理

畜产品污染物追溯针对放射性核素、重金属和生物毒素等主要污染物，利用筛选出来的指标并结合相应的技术模型及方法，解析污染物的来源和不同污染物对畜产品污染贡献率，并且根据标识所读取的信息，判断畜产品在哪一环节受到污染的可能性最大，进而从污染的源头上控制食品污染物对人和动物健康的危害，迅速处理畜产品安全事件。

由于畜产品供应链的流程环节比较复杂，而引入污染的方式又比较固定，因此很难通过污染物的贡献率来判断受污染的环节。在调查研究之后，将供应链每个环节可能引入的污染物情况进行统计，建立相应的污染物知识库以备查询。当污染发生时，如铅过量，查询知识库得出会引入铅的几个环节，再针对可能引入铅的环节进行实地盘查，确定造成污染的确切环节，从而避免对产品流经的各个环节逐一进行盘查，提高污染追溯的效率。

（一）畜产品污染物追溯管理模块的功能结构

畜产品污染物追溯管理是整个追溯系统的核心功能模块，借助该模块能够实现对畜产品中污染物的追溯，以及对整个供应链中存在污染物的全程监控。用户可选择需要的特征指标，通过对个体特征指标的显著性分析，找到相应地区的群体特征指标，选择相应的追溯方案，利用不同的匹配模型及方法将终端产品的检测数据与数据库中的样本数据信息进行指标匹配，找到污染物最大的可能来源。主要包括追溯设置管理（指标录入筛选、追溯方案选择）和污染物追溯等功能。

1. 追溯设置管理

在进行污染物追溯之前，首先需要进行相关的追溯设置管理，主要包括指标录入筛选和追溯方案选择两个部分内容。

（1）指标录入筛选。在进行污染物追溯时，需要根据某个区域的个体特征，通过显著性分析后找到该地区的群体特征，以群体特征指标作为标识该地区的标尺。因此，首先将可能需要分析的指标录入系统中，用户也可根据自己的需求添加指标。在污染物追溯系统中存在的指标，用户需要筛选出某些特征指标进行分析，从而使污染物追溯更加有效。

（2）追溯方案选择。对于不同畜产品污染物来说，追溯的方案也不同，即使对同一种污染物追溯，也存在着多种方案可供选择。因此，在方案的选择上也应相当慎重。

2. 污染物追溯

在设置好了相应的指标及方案后，便由系统对输入的特征指标数据进行匹配（特征指标数据的输入可通过计算机以及PDA远程输入实现），找出污染物的源头所在。由于污染源可能涉及多种污染物，因此，系统需要对匹配结果进行分析，计算出各种污染物的贡献率，以便确定主要

的污染物并对其进行控制，使整个追溯体系更为合理有效。

（二）畜产品污染物追溯管理模块数据流（图 4–6）

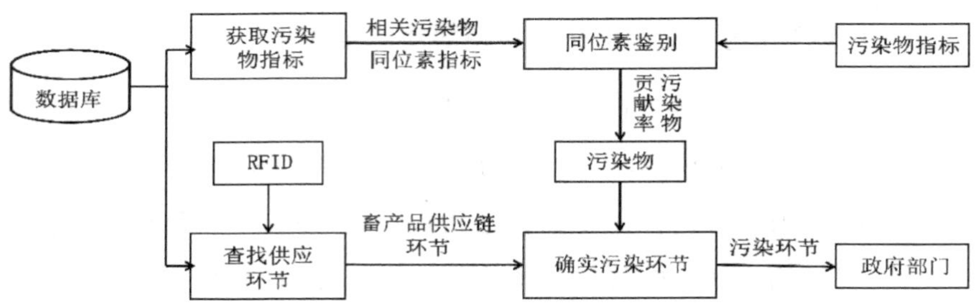

图 4–6　畜产品污染物追溯管理模块数据流

（三）畜产品污染物追溯管理模块流程

畜产品污染物追溯管理模块流程如图 4–7 所示。

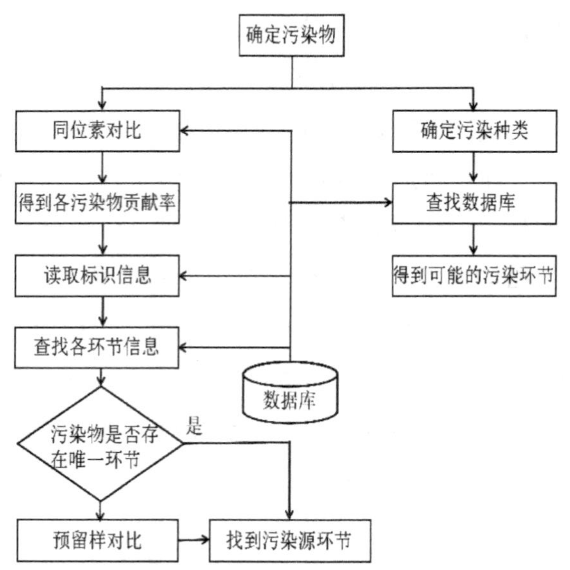

图 4–7　畜产品污染物追溯管理模块流程

四、原产地追溯管理

畜产品的产地与整个供应链的食源性风险相关联。原产地追溯管理有利于实施产地保护，保证合理竞争，并且能够在食源性病原菌的扩散控制方面发挥出有效的作用，在畜产品可追溯系统中占举足轻重的地位。

稳定的同位素分析是产地追溯的一种有效方法，这主要是由于生物体中同位素的自然丰度随产地环境、气候、地形、饲料种类及个体代谢类型的不同而不同。

原产地追溯管理模块的主要用户是政府职能部门，主要通过建立和完善同位素匹配和原产地决策支持功能实现原产地追溯，以此监督、检查和保障畜产品的安全性。

（一）原产地追溯管理的功能结构

在原产地追溯管理模块中，用户在进行原产地追溯时，首先需要选择追溯所使用的模型。系统导入相应模型及历史数据后，用户输入采集的相关数据，经过该系统模型的运算和匹配，输出可能性较大的一个或几个原产地，因此，原产地追溯管理主要包括模型维护、追溯数据维护和原产地追溯三大功能。

1. 模型维护

原产地追溯模型作为追溯方案中的一个知识集，表达了不同产地特征与原产地之间的内在联系，是原产地追溯的基础。因此，应该对模型的相关参数和特征量进行维护，建立多种具有不同特征的与原产地相对应的标准特征模块，以满足原产地追溯的需求。从本质上讲，模型维护就是建立不同产品、不同产地标准特征模块的过程。

2. 追溯数据维护

追溯数据主要来自政府职能部门采集到的待检测的样本数据，通过追溯数据维护功能可按照相应的追溯方案中标准特征模块的要求，输入相应的样本数据，等待系统匹配后给出的结果。

3. 原产地追溯

原产地追溯模型主要面向政府职能部门，为用户提供辅助决策功能，因此，原产地追溯主要包括模型选择、模型导入和模型匹配等基本功能。

（1）模型选择。不同的产品对应不同的追溯方式。用户在进行原产地追溯时，首先要选择正确的追溯模型；模型选择的依据是来自用户的经验以及系统的历史数据。在模型选择方式中，存在系统缺省设置的自动选择方式和用户从列表中手动选择方式，用户可根据实际情况在两种方式中进行选择。

（2）模型导入。模型导入功能是由系统实现的。用户选定模型之后，系统将相应的模型以及历史数据导入原产地追溯模块中，以备模型匹配所需。

（3）模型匹配。模型匹配功能也是由系统实现的。系统对用户新输入的追溯数据和标准的特征模块进行对比分析，或处理之后再与历史数据进行对比，最终向用户提供可供辅助决策的结果。

（二）原产地追溯管理模块数据流

原产地追溯管理的数据流，如图 4-8 所示。

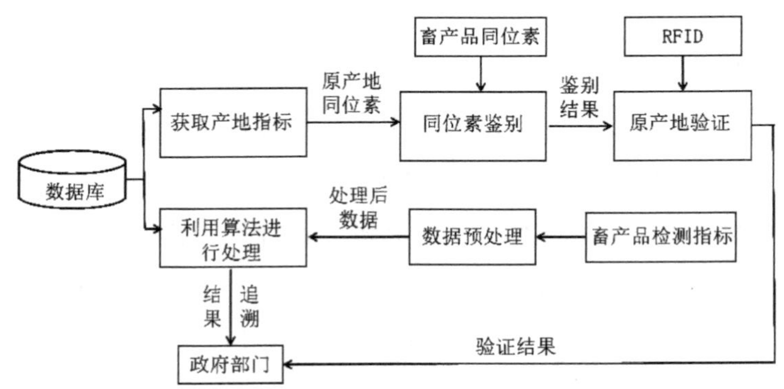

图 4-8　原产地追溯管理模块数据流

（三）原产地追溯管理模块流程

原产地追溯管理模块流程，如图 4-9 所示。

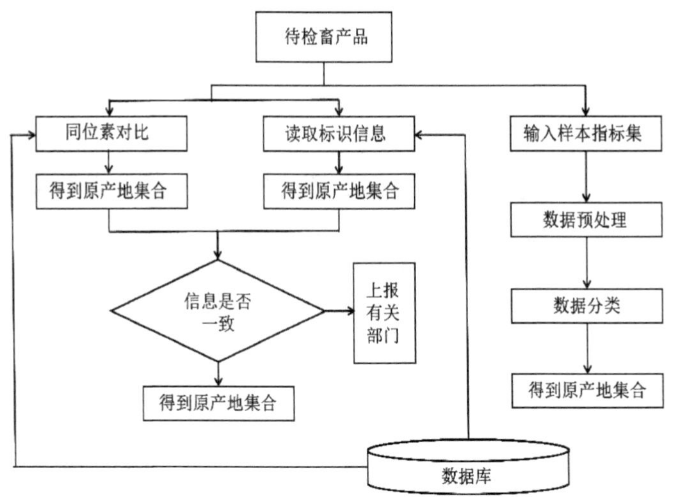

图 4-9　原产地追溯管理模块流程

第五章　畜产品安全可追溯系统安全评价体系构建

第一节　畜产品可追溯系统风险分析

为了有效评估畜产品安全可追溯系统各个环节与各个主体风险的状态与水平、确定风险源与衍生途径，确保畜可追溯系统安全评价的科学合理性，需要对风险进行分析，明确风险结构及系统框架与框架构成。

当前，虽然我国养殖业中规模养殖出栏量较高，但从养殖户数看散养仍占有较大比例。在养殖者散养过程中，养殖者普遍缺乏有效的风险控制能力，对养殖者散养状态的安全评价与状况分析对我国畜产品安全具有重要意义。

养殖过程风险源自养殖者个体行为不确定性，这种不确定性构成了质量风险的核心，其与个体对危害元认知程度、科技商业化、产销过程危害应对能力（条件）三者孪生。危害应对能力、认知和科技商业化构成主体约束属性集，三者的相互关系构成养殖系统的不确定性。

一、养殖风险模式分析

养殖过程的各种属性构成养殖者属性集，这些集合可简单分为完全与不完全两种状态。完全指全部属性满足国家标准规定的质量限定值，不完全是部分属性满足质量限定值；前者对应确定性，后者对应不确定性。

因此，养殖风险模式范式如式 5-1 所示。

$$minRisk=(CA_1, CA_2, \cdots, **, CA_n)\ set.Ctrl(R)=Ctrl(CA_1, CA_2, \cdots, CA_n) \quad 式(5-1)$$

式中 CA_i——属性变量，其中 i=1，2，…，n；R——属性衍生风险。

式（5-1）表明，不同风险水平是由生产过程属性变量差异所导致，控制风险水平需从属性变量控制入手，因而确定风险水平应从养殖者属性的评估开始。养殖风险主要通过养殖者各种不当决策将异类物质导入养殖过程中。由式（5-1）可知，养殖者行为的不确定性导致了不同决策行为，具体可归纳为如下风险性态。

（一）信用风险

畜产品是比较典型的信任品，而信任往往引发信用风险。利益驱使养殖者风险防范责任意识降低，对将引发风险的生产过程属性缺乏必要的主动控制。养殖者过量、超范围使用兽药与添加剂，使用违禁品，从潜在危害风险较大的渠道采购投喂料等，致使养殖者在畜产品生产过程中将环境激素导入畜产品中。

（二）生产设施与技术应对能力风险

此类风险是指由于养殖者养殖棚舍设施与配套环境设施的落后、没有达到国家、地区或部门所规定的卫生消毒和防疫标准以及养殖技术不科学、不合理所导致的风险。在实际操作当中，多数养殖者没有专业化的饲养棚舍及设施、专业配套的卫生防疫设施与检疫检验的设备、专业必要的养殖技术、专门设置的投喂料贮藏设施，普遍表现为棚舍极其简陋、牲畜粪尿乱排、畜禽种类混养、蚊蝇鼠蚁随处可见、场所人畜共处等，直接或间接使毒害物质进入畜产品生产过程和牲畜个体。

（三）科技认知风险

此类风险来自养殖者因对环境激素的科学认知能力、卫生防疫常识、科学养殖的专业技术与技能知识、常识与基础性知识以及对相关质量标

准和法律法规认知的缺失，致使养殖者为使牲畜快速生长及出栏而刻意投放各类投喂料，不在乎养殖风险的控制、不考虑科学的养殖技术。具体表现为毒副作用性兽药和化学性添加剂的极端使用及各类生活垃圾的肆意投喂等。

二、养殖风险系统的构成

通过上文的风险模式及性态分析，养殖者养殖过程结构如式（5-2）所示。

$R: PC(H) \times PD(H) \times PM(H)$ 式（5-2）

式中，R——养殖风险系统；H——物理方面危害、有毒有害化学物和致病微生物；$PC(H)$——认知风险，即养殖者对风险防范规制的认知行为和对物理、化学及微生物危害的了解；$PD(H)$——能力风险，即养殖者对风险控制的技术与设施能力；$PM(H)$——信用风险，即养殖者道德方面认知行为。

根据系统理论，式（5-2）所表达的生产过程的风险可解释为式（5-3）与式（5-4）。

$R(H): PC(H) \times PD(H) \times PM(H) \to R$ 式（5-3）

$R(H) = R[PC(H), PD(H), PM(H)]$ 式（5-4）

第二节 系统构成研究

一、框架构成

（一）系统框架

指根据畜产品可追溯系统的相互关联所构建的空间架构，它以相关要素为组分组成，且具有系统同构的属性。

1. 组分组成

任意环节上的相关实体都是由技术、人员、设备、设施、环境这几类要素所组成，任意组成要素都可以用以下组分划分。

技术 = {生产，贮藏，检测}

人员 = {生产，技术，管理}

设备 = {生产，贮藏，检测}

设施 = {生产，贮藏，环境}

环境：环境组分较为特殊，根据研究目的的改变而改变，具有相对性。

2. 结构功能

任意环节中组分都是以技术关联形成相应的系统结构组成，并且担负对应的系统结构功能。

（二）系统框架的构成

整个系统框架根据层级划分可描述为四级系统，具体结构关系如图5-1所示。

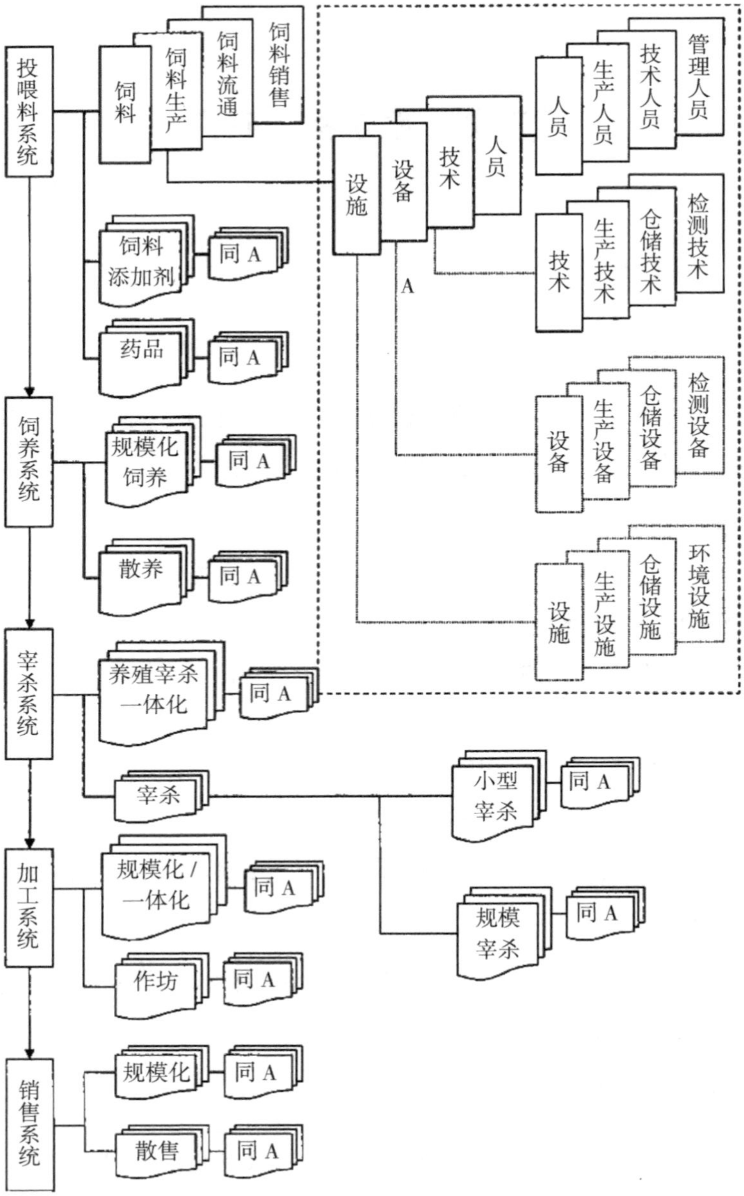

投喂料系统
饲料
饲料生产
饲料流通
饲料销售
设施
设备
技术
人员
人员
生产人员
技术人员
管理人员
技术
生产技术
仓储技术
检测技术
A
设备
生产设备
仓储设备
检测设备
设施
生产设施
仓储设施
环境设施
饲料添加剂
同 A
药品
同 A
饲养系统
规模化饲养
同 A
散养
同 A
宰杀系统
养殖宰杀一体化
同 A
宰杀
小型宰杀
同 A
规模宰杀
同 A
加工系统
规模化/一体化
同 A
作坊
同 A
销售系统
规模化
同 A
散售
同 A

图 5-1　各系统框架关系

二、模块组成

国内对畜产品可追溯系统的风险水平分析主要是以 GB/T 20014 为基准、以物理要素作为分析的对象，单一要素进行的模式。GB/T 20014 是 GMP（良好作业规范）在整个农业方面的应用，也是作为 HACCP（危害分析和关键控制点）模式在种植、养殖中的准则，具有独立鲜明的分析要素，简易的流程，但有明显的不足之处，虽覆盖了所有的物理因素，却由于使用点对点分析的方式，因此，不能充分考虑风险结构全局性，而且把科技认知风险和道德信用风险排除在外，致使分析难以体现系统性，使可追溯系统的风险向外辐射。而 GAP（良好农业规范）更甚，只是对微生物和接触表面水的控制作为控制要点。

第三节 面向风险的安全系统框架

安全作为系统功能是风险与危险之间的“过滤网”。当对象系统安全功能不全或丧失时，风险则衍化为危险，因此，安全评价以风险结构为框架基础。

一、系统框架构造

风险是由 PC、PD、PM 三者衍生出来的，通过分析对象因果关系，并将该关系层级化，可明确各系统风险衍生点，以及风险迁移路径。因此，这里对安全评价框架构建基础采取了鱼刺图（Fishbone Diagram，FD）分析法和层次分析（Analytic Hierarchy Process，AHP）分析法。传统 FD 法是将对象细化为具体要素，然后通过因果关系将原因要素指向结果要素。本文则是将对象分解为模块，然后由原因模块指向结果模块。传统 AHP 法主要用于决策分析，而本文则利用其对研究对象属性分层能力，将原因模块和结果模块细化为层级结构，并通过 FD 法构成系统安全评价框架。

二、可追溯系统安全评价框架设计

系统安全评价框架设计是基于畜产品供应链风险模块系统，其原因在于：当对象安全功能发生缺失或失效时，对象风险程度随之增加。为此，安全评价框架设计要遵循以下 4 个基本原则。

（1）框架能揭示对象安全状态及其薄弱环节。

（2）利于提高对象或对象系统安全水平。

（3）能显示风险源及其分布。

（4）能够映射风险系统和安全保障体系之间的关系。

根据该原则设计安全评价框架评价针对性强，即安全评价是针对每一具体、细化后的系统要素，涵盖了供应链系统各种组分；便于安全评价指标设计，因将系统组分细化为风险源最底层，指标与每一风险源具有一一对应性；利于风险追溯；系统化程度高；便于提出安全整改措施。

第四节　安全评价指标设计

一、安全评价指标集构造原则

在一个压缩了的低维因素空间上，原本明确的概念也变得模糊。因此，指标体系建立要兼顾精确性与模糊性。设计指标体系需遵循以下原则。

（一）系统性原则

由于系统表现出层级结构与因果结构，因而评价指标要充分体现这一特点，即指标也具有系统性。

（二）可操作性原则

评价指标体系应简明、易于收集资料数据与信息利用。

（三）匹配原则

指标体系与风险结构匹配，体现系统风险结构与揭示风险状态。

（四）动态性原则

由于科技发展与商业化，不断有新型饲料、添加剂、兽药产生，但其毒性机理、危害后果尚不完全清楚，使得现有评价指标不能给予科学评价；另一方面，科技发展使得人们对过去有了深入认识，原有评价指标不再适合，需要对指标进行更新。

二、安全评价指标集

风险实质是人生产行为通过系统组分将危害元导入牲畜本体，故将系统组分看成是危害元的函数，据此将可追溯系统安全评价指标集分为两大类：关于危害元评价指标集和关于供应链组分安全状况评价指标集。

（一）畜产品危害元评价指标集

1. 项目指标

项目指标指对象检测样本中具体检测指标，如饲料中沙门氏菌、添加剂中的盐酸克伦特罗、畜产品中各种药残等。项目指标一般通过国家出版禁止使用有毒物质名录、其他国家出版有毒物质名录、CAC/FAO/WHO 等组织出版有毒物质名录进行设置。项目指标一般包括以下几种。

（1）平均含量。指投喂料或畜产品中含有危害元平均值，即检测项目数据均值。

（2）限量标准 MRL。该指标为待检项目上限，由法定标准给定。对于限定标准为“不允许含有”，MRL=0。

（3）超标率 P_{hi}。指项目检测数据数值超过 MRL 样本个数占样本容量的比例。

2. 多项目检测综合指标

被检测投喂料、出产物中可能含有多种危害元，因此，需要建立相应种类指标。

（二）供应链组分安全状况评价指标集

在系统安全评价中，质量泛指广义质量安全，因此，安全评价是对形成产品过程进行评价，亦即对形成链上各种质量保障能力进行评价，具体就是对链上个体生产构成组分进行评价。

1. 指标集划分

指标集划分标准依据风险结构，即应对能力风险评价、科技认知风险评价及信用质量评价 3 类。

应对能力风险评价指标集用于评价组分过滤畜产品毒害风险因素能力。根据模块系统，指标集划分设备与设施风险预防评价指标类、人员预防风险能力评价指标类和环境风险评价指标类，结构如图 5-2 所示。

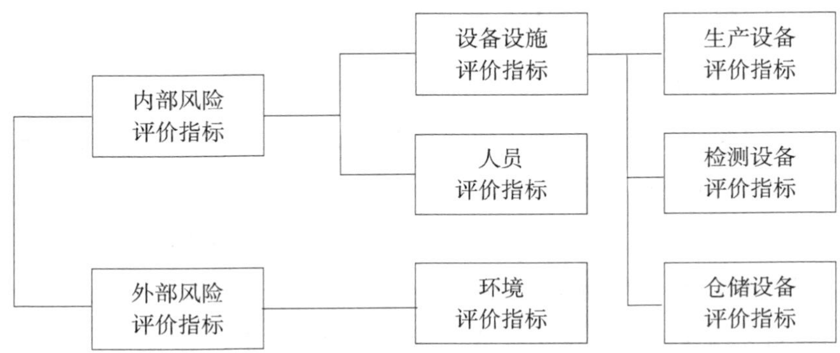

图 5-2　应对能力评价指标结构

科技认知风险评价指标集用于评价各主体关于畜产品毒害风险因素认知度，进而说明其关于潜在风险预防知识能力，其结构如图 5-3 所示。

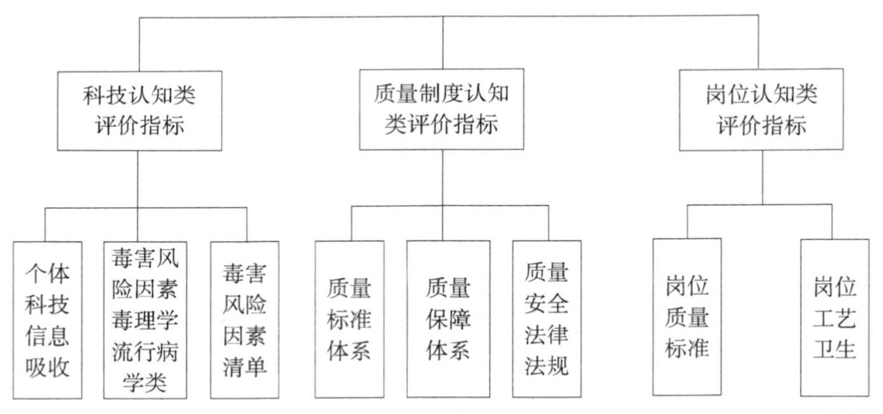

图 5-3　科技认知评价指标结构

信用质量风险评价指标集揭示主体质量责任差异所导致风险差异，包括个体资质保障类评价指标、质量责任（事故）评价指标、质量体系完备状况评价指标。

2. 指标体系设计概要

上述指标集衍生于风险结构和组分结构，是“类指标”，需细化指标体系。这里采取三级指标体系：属性层—基础层（组分层）—对象层。属性层是指细化、具体化属性变量，其又分为三级属性、二级属性和一级属性 3 个层次：三级属性是指数体系最底层，由细化属性变量构成；二级属性是三级属性综合，用于说明组分小类属性特征；一级属性是二级属性综合，用于说明组分大类属性特征。基础层以模块为变量，由属性层归结而成，用于评价模块安全状况。对象层用于描述评价对象综合风险状态，由基础层归结而成。

三、畜产品安全可追溯系统安全评价判读准则

安全评价判读准则是指对评价结果所隐含风险或安全等级归属予以判别的标准和算法。对于畜产品供应链，安全评价准则分为确定性评价准则和模糊评价准则两种类型。

（一）确定性评价准则

当评价对象处于确定性状态时所采取判读标准。从风险评价过程看，当系统中检测出某种危害元时，尤其是检测出以下几类危害元时，风险评价转为危险评价，此时需要采取确定性评价准则。

（1）法定国家一类、二类人畜共患病致病微生物。

（2）国家禁止使用兽药、饲料添加剂（禁用类抗生素、促生长兴奋剂等）。

（3）工业有机污染物（如二噁英）与剧毒化合物、重金属、农药等。

（二）模糊（不确定性）评价准则

描述对象风险状态指标为模糊性指标时所使用指标等级归类判断原则。

（三）区域综合评价准则

系统某一环节个体经常聚集，比如牲畜养殖过程，需要进行区域风险评价。区域综合评价准则设定既要考虑确定性评价准则又要考虑模糊评价准则，当检测结果出现上述三类畜产品毒害风险因素时，需要进行样本抽检分析，此时根据样本分布情况选择“一票否决”评价原则；当检测结果未出现畜产品毒害风险因素时，此时选择模糊综合评价准则。

参 考 文 献

冯俊吾，王江琴，秦迎春，2009. 畜产品安全追溯体系建设中的信息采集 [J]. 中国牧业通讯（2）：36.

高连仁，2017.F 市畜产品质量安全监督管理问题研究 [D]. 沈阳：东北大学 .

黄晓娴，2018. 基于物联网技术的畜产品追溯系统的设计与实现 [D]. 天津：天津大学 .

江斌，2014. 基于可追溯系统的畜产品质量安全评价体系研究 [D]. 上海：东华大学 .

孔繁涛，2009. 畜产品质量安全预警理论与方法 [M]. 北京：中国经济出版社：55–121.

匡胜徽，2011. 畜产品质量可追溯信息系统的研究与设计 [D]. 昆明：昆明理工大学 .

拉环，罗增海，李浩，2019. 青海牧区牦牛藏羊粪便处理及资源化利用浅析 [J]. 畜牧业环境 (8):50–52.

路斌，朱军华，王超，等，2013. 动物防疫与畜产品安全追溯体系在动物卫生监督监管中的实践探索 [J]. 中国猪业（S2）：89–92.

罗卫强，2013. 东莞市生猪质量安全追溯关键技术研究及集成应用 [D]. 南京：南京农业大学，

罗增海，王树林，逯启贤，2000. 牦牛肉货架期测定方法及影响因素研究 [J]. 肉类工业 (9):16–19.

慕乙晓，2015. 我国基层畜产品质量安全监管问题研究 [D]. 济南：山东大学 .

王廷艳，罗增海，林元清，2020. 青海省牦牛藏羊原产地可追溯体系建设的若干思考 [J]. 青海畜牧兽医杂志 (1):55–57.

王永芬，郑鸣，2016. 畜产品质量安全与检测关键技术 [M]. 郑州：中原农

民出版社：35–87.

杨俊,2011. 畜产品质量安全保障监管 RFID 系统 [D]. 昆明:昆明理工大学.

尹华丁，2014. 生猪质量追溯管理平台的设计与实现 [D]. 石家庄：河北科技大学.

郑志新,2009. 我国畜产品质量安全控制系统优化研究 [D]. 天津:天津大学.

周海玲，2014. 安全认证与可追溯食品消费行为研究 [D]. 青岛：中国海洋大学.

朱军华，2014. 基层畜产品安全监管存在的问题与对策研究 [D]. 杭州：浙江大学.

左明霞，2012. 基于 RFID 技术的猪肉质量安全追溯系统研究 [D]. 合肥：安徽农业大学.